グローバル図面って

（新ISO準拠）

どない描くねん！

幾何公差で
暗黙の設計意図を
見える化する

だれにでも
わかりやすく
やさしく
やくにたつ

山田 学 著
Yamada Manabu

日刊工業新聞社

グローバル図面が要求される背景

　3次元CADを使って設計し、モデルデータがあればCAMによって加工ができる時代となった現在、図面の重要性への認識が薄れつつあります。ところが一方で、図面の品質が不十分なことに起因するトラブルの数は増えており、図面の品質を高めなければならないと感じる企業も増えています。そのため、設計製図を教える立場から、図面回帰の必要性を肌で感じています。

　企業が作成し管理する図面において、従来の国内調達における問題点を列記します。

・長年の取引業者とのなれ合いで、図面に記載されない口約束の決まりごとが存在するため、図面と納品される部品とが合致しない。

・加工者の異動や退職によって、暗黙知が形式知になっておらず、次の加工者にノウハウが引き継がれず、同じものを納品できない。

・「反りなきこと」「バリなきこと」「傷なきこと」のようなあいまいな表記が多い。

　このような国内の問題を抱えた状態で、バリューチェーンのグローバルシフト化（下図参照）によって、製造業の開発からの流通の仕組みが根本的に変化しています。

　海外の製造現場に従来のあいまいな表記のままで出図した場合、設計者の意図をくみ取って加工や検査をしてくれません。サイズ寸法は満足しているけど、微妙な変形や位置ずれによって、要求機能を満足できずに不具合が発生する事案が多発しています。

　国内の業者の場合、たとえ図面に不備があったとしても、親会社から命令されると、仕方なしに無償かつ特急で希望する形状になるように再製作してくれます。

　しかし海外の加工業者の場合、図面に不備があれば、「図面が悪い！」と取り合ってもくれず、有償かつ納期は再設定した状態で取引せざるを得ないのです。

国内で設計・調達・生産したものを海外で販売

↓

国内や海外で設計したものを海外で調達・生産し販売

2020年以降、世界中で猛威を振るっているCOVID-19（新型コロナウィルス）によって、世界の流通が停止しました。しかしCOVID-19が終息した後でもバリューチェーンのグローバル化に変化はありません。次世代のエンジニアは世界に目を向け、世界の企業と協力しながら製品開発に取り組まざるを得ないことは必至です。そのため世界に通用するグローバル図面の実現は必要不可欠です。

グローバル図面とは、解釈のあいまいさを排除した図面のことで、次のような項目があげられます。

・サイズに関するバラツキにはサイズ公差を記入する。

・変形や姿勢、位置、振れのバラツキには幾何公差を記入する。

・世界共通言語である英語表記とする。

大きさも位置も寸法公差で表現する従来の"日本式のガラパゴス図面"から、基準を明示したうえで「サイズ公差」と「位置の公差」を明確に使い分けた"世界に通用するグローバル図面"を提示しなければ、日本の製造業は今後、生き残ることはできないといっても過言ではありません。

それでは、"設計意図を正確に表現する"にはどうすればよいのでしょうか？

それを実現するアイテムが、従来の大きさを表現するサイズ公差に加えて、幾何公差を併用することです。

しかし、従来からある幾何公差のルールでは、一部あいまいさが残った状態で運用せざるを得ませんでした。例えば、次のような項目があります。

・母線で評価する際の座標系を設定できない。

・矩形の公差領域の向き（X-Y座標の定義）は、暗黙のもとに読み手が解釈しなければいけない。

・サイズや幾何特性を3次元測定機で計測する際のフィルター（最小二乗法や最大内接、最小外接など）の選択は検査任せ。

2011 年 に ISO 5459(Geometrical product specifications(GPS) — Geometrical tolerancing —Datums and datum systems)として、データムとデータムシステムのルールが改正され、2017年にISO 1101(Geometrical product specifications(GPS) — Geometrical tolerancing —Tolerances of form, orientation, location and runout)、2018 年 に ISO 5458 (Geometrical product specifications(GPS) — Geometrical tolerancing —Pattern and combined geometrical specification) として、幾何偏差のルールが改正されて、あいまいさがなくなるように改正されています。

これらの規格では、将来的に3Dモデルにアノテーション（データに関連する情報）を付加して運用する場合を想定した新しい記号も増えており、2次元図面にも適用することが可能です。

　本書発刊時点（2021年初旬）のJISには、これらの改正点が未だに反映されておりません。本書では、一足先に最新のISOの規定の中で実務に有用であると思われるものも抜粋し解説するとともに、従来の日本国内で流通しているガラパゴス図面を新しい記号を使ってグローバル図面に変更したBefore-Afterを示すことで、より設計意図を明確にするテクニックを解説します。

　読者の皆様からのご意見や問題点のフィードバックなど、ホームページを通して紹介し、情報の共有化やサポートができ、少しでも良いものにしたいと念じております。

「Lab notes by 六自由度」
書籍サポートページ
https://www.labnotes.co.jp/

　最後に、本書の執筆にあたり、お世話いただいた日刊工業新聞社出版局の方々にお礼を申し上げます。

2021年5月　山田 学

目次 CONTENTS

第1章

サイズ、サイズって、そんな気にせなあかんの!?

サイズって大きさのことやし、教えてもらわんでもわかるわ。

(ノ≧o≦)ノ　-ｰﾟ・∵。

サイズ＝大きさというイメージ的な概念は誰でもわかるのですが、細かい部分を見つめていくと、意外と奥が深いのです。幾何特性をうまく使いこなすために、まずはサイズを正しく見極めるスキルから磨いていく必要があります。

(*￣∀￣)"b"チッチッチッ

グローバル図面への転換

GD&T（Geometric Dimensioning & Tolerancing）幾何公差設計法

GD&Tとは、従来の寸法公差に頼ってきた製造工程を、世界での生産を可能にさせるために、サイズと位置を使い分け、グローバルに通用する図面を描き運用することです。広義の意味では幾何公差を使って図面を描き、公差解析を実施するまでを指します。

　アメリカで幾何公差の参考書を購入しようと検索すると、ほとんどの書籍の表紙に「GD&T」という文言を見つけることができます。

　設計意図を正しく図面に反映させるための最終手段がGD&Tといっても過言ではないでしょう。

　本書では、図面を描く際にサイズと位置を明確に使い分け、計測の手法も含めて設計意図をより正確に伝えられるよう、新しい記号を使うテクニックを解説します。

日本の図面って、ガラパゴス図面なん？

日本では、製図のルールは国家規格であるJIS（日本産業規格）で決められ、日本国内の多くの企業はこのJIS製図のルールに基づき図面を描いています。

　このJIS製図のルールは、ISO（国際標準化機構）の製図のルールに準拠しており、日本の図面は世界標準に従った図面なのです。

　しかし、従来から使用される日本の図面には、いくつかの問題が存在します。
・国内では、サイズと位置の区別がなく「○○±0.1」のような従来の寸法公差だけで部品精度を要求する図面が一般的である。しかも、学校教育からそのような製図法が指導されている。
・ISOが定める製図のルールに改正や追加があっても、即時にJISに展開されるわけではない。和訳作業に加えて内容の吟味に時間がかかるため、数年単位で情報公開が遅れてしまう。
・世界標準であるISOの製図のルール以外に、アメリカ機械学会のASME Y14.5M（Dimensioning and Tolerancing）の公差に関する製図のルールが存在する。ASME規格は基本的な解釈（包絡の条件が標準）や幾何公差で使用する補助的な記号の一部にISOと相違がある。

　本書では、ISOの原文を筆者自身が独自に和訳して、従来のJIS製図では明記されていなかったもの、あるいはこの書籍の発刊時にJISに公開されていないものの中から、設計実務で使えそうな記号や解釈を選択し、従来の日本の図面を"グローバル図面"に変換するテクニックを紹介します。

　2021年初旬時点でJISでは公開されていない情報も記述していますので、JISが用いる用語と、一部異なる文言や表現があるかと思います。

　ご了承いただけますと幸いです。

1）長さサイズと位置

　サイズ（size）とは、図示形体、または当てはめ形体で定義できるサイズ形体の
固有特性と定義されます。

　サイズ形体（feature of size）とは、長さまたは角度に関わるサイズによって定
義された幾何学的形状と定義されます。

　長さのサイズ形体には円筒、球、相対する平行二平面などがあります。

　位置（location）とは、ある基準に対して形体があるべき場所と定義されます。

　「長さサイズなのか？」「位置なのか？」設計意図によって解釈を変えることがで
きる形状も存在します。どう考えるかは設計者の考え方次第なので、どちらを選択
しても間違いではないといえるでしょう。

　例えば、次のような単純なブロック形状は、考え方次第で長さサイズにも位置に
も表現できるのです（表1-1）。

表1-1 長さサイズと位置の表記や考え方の違い

長さサイズ（厚み）	位置（高さ）
20±0.1	⊕ 0.2 A ／ A ／ 20
• 強度や剛性確保のために厚みが必要と考える場合 • 部品単品に変形があっても、ねじ締めや荷重を与えることによって変形が修正されてしまう場合など	• 変形の有無にかかわらず、基準面からの高さが必要と考える場合 • ねじ締めや荷重を与えても、変形が修正されない高剛性の部品の場合など

2）長さサイズの解釈

　基本的な形状に対して、長さサイズと認識する形状、長さサイズと認識しない形状に分類してみましょう。判断材料となる部分に寸法線を記入しています。

①長さサイズと認識する形状

　2点間の直線距離で挟むことができるものをサイズと認識します（**表1-2**）。

　つまり、ノギスやマイクロメータで挟むことができる形状と考えればよいでしょう。

表1-2 長さサイズと認識する形状例

※上表の形状例は、外側形体、内側形体（穴や溝）を問いません
*1）拡大解釈しているため、位置としても解釈できる

②長さサイズと認識しない形状

　2点間の直線距離で挟むことができないものは長さサイズではありません（**表1-3**）。

　つまり対向する形体が存在しないことで、ノギスやマイクロメータで挟むことができない形状と考えればよいでしょう。

表1-3 長さサイズと認識しない形状例

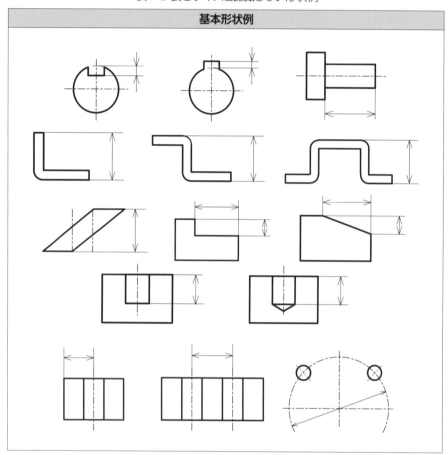

※上表の形状例は、外側形体、内側形体（穴や溝）を問いません

③長さサイズなのかあいまいな形状

　表1-2と表1-3に示した図例はいずれも2つの形体から成り立つ形状でした。
　次に示す図例は、1つの形体から成り立つ形状、あるいは隣り合う外郭形体間の遷移領域になります。

　次に示す図例は「半径のサイズ」、「円弧の長さ」、「面取りサイズ」と呼ぶことが多いですが、2点で挟むことができない形状であることからサイズではないと解釈できます。これらは輪郭形状に分類されるため、幾何公差によって指示すべき形体です。
　しかし、特にその形体の形状精度を要求しない、つまり厳しい公差を必要としない限り、従来通り公差なしの一般的な寸法表記を使用して問題ないでしょう（**表1-4**）。

表1-4 長さサイズなのか解釈に迷う形状例

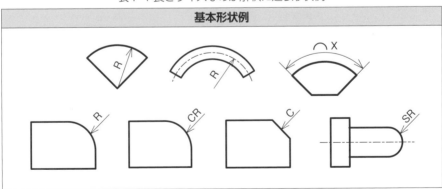

※上表の形状例は、外側形体、内側形体（穴や溝）を問いません

3）長さに関わるサイズの条件記号

従来の2点間の直線距離（2点間サイズ）以外に、様々な長さサイズに関する条件記号が定義されています（**表1-5**）。

表1-5 長さに関わるサイズの指定条件

条件記号	説明
(LP)	2点間サイズ
(LS)	球で定義される局部サイズ
(GG)	最小二乗サイズ（最小二乗当てはめ判定基準による）
(GX)	最大内接サイズ（最大内接当てはめ判定基準による）
(GN)	最小外接サイズ（最小外接当てはめ判定基準による）
(CC)	円周直径（算出サイズ）
(CA)	面積直径（算出サイズ）
(CV)	体積直径（算出サイズ）
(SX)	最大サイズ [a]
(SN)	最小サイズ [a]
(SA)	平均サイズ [a]
(SM)	中央サイズ [a]
(SD)	中間サイズ [a]
(SR)	範囲サイズ [a]

注[a] 順位サイズは、算出サイズ、全体サイズ、又は局部サイズの補足として使用できる

たくさんの条件記号が追加されていますが、設計実務として実用的に使うと思われる記号は、次の4つと思います。
・LP（Local size：two-point size）←特に指定しない限りLPが適用されます。
・GG（Global size：least-squares size [Gaussian]）
・GX（Global size：maximum inscribed size）
・GN（Global size：minimum circumscribed size）

これらの条件記号は、実務の中でどのように使えばよいのでしょうか？

JISには具体的な使い方は明示されていませんが、次のような解釈で使うとよいと思います。

まずは従来のサイズ公差だけで指示した図面を考えましょう（**図1-1**）

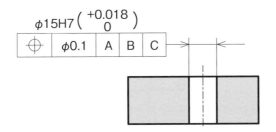

図1-1 穴のサイズと位置度の図面指示例（1）

一般論として、ISOのルールを適用する場合は独立の原則に従うため、次の2つのステップを経て検査されます（**図1-2**）。

①穴の直径サイズを、内側マイクロメータなどを使って2点間の直線距離として測定する。

②穴の位置度を3次元測定機で測定する。

このとき、直径サイズは真円ではない崩れた円形であるため、直径の概念が存在せず、中心線を定義できません。特に指定がない場合、暗黙的に計測者の判断で最小二乗法（条件記号を付けるとしたら"GG"）が適用される場合が多いと思われます。この時点で設計と検査の意思疎通ができていないことになります。

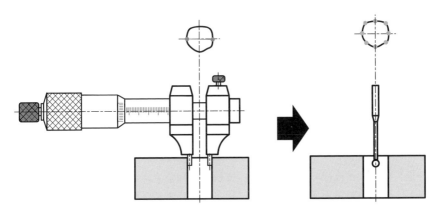

a）穴の直径サイズを測定（2点間）　　　b）3次元測定機で位置度を測定

図1-2 一般的な測定の手順の例

次に条件記号を付けたサイズで指示した図面を考えましょう（**図1-3**）。
ここで、条件記号"GX"は最大内接サイズを意味しています。

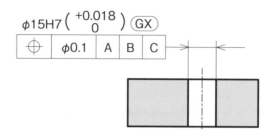

図1-3 穴のサイズと位置度の図面指示例

直径サイズと位置度公差の測定は3次元測定機だけで同時に完結します。
①穴の直径サイズと位置度を同時に3次元測定機で測定する（**図1-4**）。
　このとき、直径サイズは真円ではない崩れた円形であるため、直径の概念が存在しません。この場合、条件記号"GX"の指示によって仮想の最大内接の真円が直径サイズの公差内に入っているかを判定するものです。

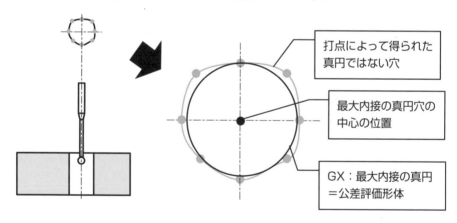

図1-4 測定の手順の例

　上記図面例の問題点として、直径サイズは明確に記号「GX」で指示されているため、最大内接円が直径の公差形体として検査されます。
　しかし、幾何特性である位置度は特に指定がありませんが、サイズ指示の流れで最大内接円から得た中心線を公差形体として評価せざるを得ません。
　ISO 1101：2017では、幾何特性に対して、どの指定条件を使えばよいかを指示できるようになっていますので、本書では第4章で詳しく解説します。

条件記号のうち、今後使うであろうと予想する4つの記号の使い分けを、まとめました（**表1-6**）。

表1-6 今後使用されると予測される条件記号の使い方

LP 2点間サイズ	GG 最小二乗サイズ	GX 最大内接サイズ	GN 最小外接サイズ
特に明示しない限り、サイズはLP が採用される。ノギスやマイクロメータによる測定が前提。図面に記号は記入しない。	設計意図として、平均的なサイズの穴径があればよい場合。はめあい精度が緩い場合やしまりばめ（圧入）する場合に使う。	設計意図として、最大実体サイズ（最大内接）として検査したい場合。はめあい精度の高いすき間ばめの穴の直径に使う。	設計意図として、最大実体サイズ（最小外接）として検査したい場合。はめあい精度の高いすき間ばめの軸の直径に使う。
寸法記入例） $\phi15\pm0.05$	寸法記入例） $\phi15\pm0.05$ GG	寸法記入例） $\phi15H7\left(^{+0.018}_{0}\right)$ GX	寸法記入例） $\phi15h7\left(^{0}_{-0.018}\right)$ GN

設計のPoint of view……幾何公差の公差記入枠に記入する記号と同じ解釈

　第4章第4項で解説する「公差形体のフィルター記号」は、幾何特性を表す公差記入枠内に追記する記号で Ⓖ Ⓧ Ⓝ などがあります。サイズの条件記号と同じ意味をもちますので、どれかを選択すればよいでしょう。

φ(@°▽°@)　メモメモ

サイズの条件記号の覚え方

　記号GGやGX、GNは暗記しようと思ってもすぐに忘れてしまいます。次のように英単語として暗記するとよいでしょう。

1つ目の文字 "G" … Global size
2つ目の文字 "G" … Gaussian（最小二乗法を考案したガウス氏の名）
2つ目の文字 "X" … MaxのX
2つ目の文字 "N" … MinのN

| 第1章 | 3 | 角度サイズの定義と指定条件 |

1）角度と姿勢

　　角度に関わるサイズには、円すい切断面における2つの面要素（または直線）の間、同一平面上にある方向が異なる2直線の間、または姿勢が異なる（平行ではない）2平面間の角度などがあります。

　　姿勢（orientation）とは、ある基準に対して形体があるべき傾きです。

　　「角度サイズなのか？」「姿勢なのか？」設計意図によって解釈を変えることができます。どう考えるかは設計者の考え方次第なので、どちらを選択しても間違いではないといえるでしょう。

　　例えば、次のような斜面をもつ形状は、考え方次第で角度サイズにも姿勢にも表現できるのです（**表1-7**）。

表1-7 サイズと位置の表記や考え方の違い

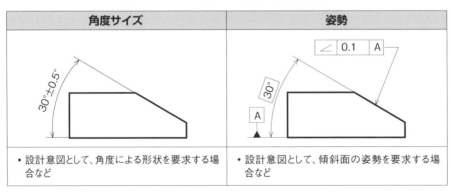

角度サイズ	姿勢
・設計意図として、角度による形状を要求する場合など	・設計意図として、傾斜面の姿勢を要求する場合など

2) 角度サイズの解釈

　基本的な形状に対して、角度サイズと認識する形状、角度サイズと認識しない形状に分類してみましょう。判断材料となる部分に寸法線を記入しています。

①角度サイズと認識する形状

　角度サイズは、当てはめ形体、または角度サイズ形体から定義されます（**表1-8**）。

　つまり、プロトラクターなどで挟むことができる形状と考えればよいでしょう。

表1-8 角度サイズと認識する形状例

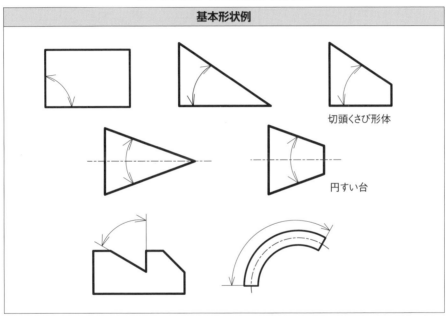

基本形状例

切頭くさび形体

円すい台

※上表の形状例は、外側形体、内側形体（穴や溝）を問いません

φ(@°▽°@)　メモメモ

プロトラクター

　金属製の分度器と竿をワークに当てることから、外郭の当てはめ形体の角度を測定する計測器です。

②角度サイズと認識しない形状

当てはめ形体でない独立した二平面は、角度サイズではありません（**表1-9**）。
つまり、プロトラクターで挟むことができない形状と考えればよいでしょう。

表1-9 角度サイズと認識しない形状例

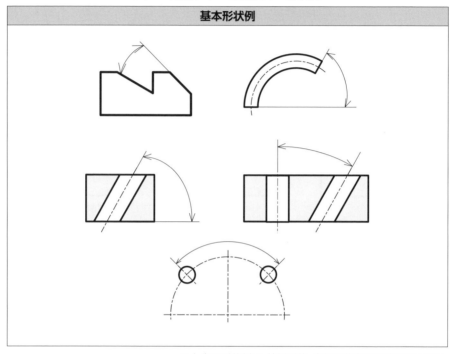

※上表の形状例は、外側形体、内側形体（穴や溝）を問いません

3）角度に関わるサイズの条件記号

　従来の2直線間角度サイズ以外に、様々な角度サイズに関する条件記号が定義されています（**表1-10**）。

表1-10 角度に関わるサイズの指定条件

条件記号	説明
(LG)	最小二乗法の当てはめ基準で決まる2直線間角度サイズ
(LC)	ミニマックス法の当てはめ基準で決まる2直線間角度サイズ
(GG)	最小二乗法の当てはめ基準で決まる全体角度サイズ（最小二乗法角度サイズ）
(GC)	ミニマックス法の当てはめ基準で決まる全体角度サイズ（ミニマックス角度サイズ）
(SX)	最大角度サイズ[a]
(SN)	最小角度サイズ[a]
(SA)	平均角度サイズ [a]
(SM)	中央角度サイズ [a]
(SD)	中間角度サイズ [a]
(SR)	範囲角度サイズ [a]
(SQ)	標準偏差角度サイズ [a][b]

注[a] 角度に関わる順位サイズ（順位角度サイズ）は、部分角度サイズ、全体角度サイズ又は局部角度サイズの補足として使用してもよい。
　[b] SQは平均二乗根（root mean square）に由来する。

　なお、JIS B 0420-3:2000によると、「最小二乗とガウシアン」「ミニマックスとチェビシェフ」は、それぞれ同義であると仮定しています。

今後、角度サイズの指定条件記号で使われると想定できる記号「GG（最小二乗角度サイズ」と記号「GC（ミニマックス角度サイズ）」の違いのイメージを示します（図1-5）。

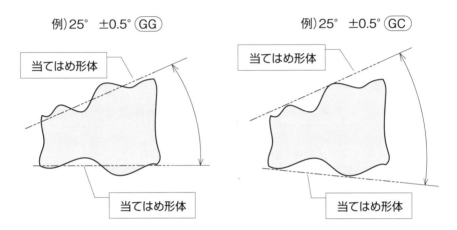

a）最小二乗角度サイズの2次元的イメージ　　b）ミニマックス角度サイズの2次元的イメージ

図1-5 最小二乗角度サイズとミニマックス角度サイズの違いのイメージ

第1章	4	# その他のサイズに 関わる記号

1）特別指定演算子 Ⓔ

　サイズの条件記号以外に、日本のエンジニアがうまく使いこなせない記号があります。従来のJISで明記されていた「包絡の条件」です。

　JISのはめあいの種類で、例えば穴の直径サイズが「φ15H7（+0.018／0）」と軸の直径サイズが「φ15h7（0／-0.018）」の組み合わせは"すき間ばめ"と分類されています。しかし、お互いのサイズがゼロに近づいた状態で真円度や真直度が崩れると"すき間ばめ"にはならない可能性があります。

　「H-h公差」同士のすき間ばめを論理的に成り立たせるためには、本来は次のように寸法記入すべきなのです（**図1-6**）。

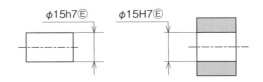

図1-6 包絡の条件を指定した寸法指示

　包絡の条件で指示された部品は、穴の場合はプラグ（栓：せん）ゲージで検査することになり、実質、真円度を含んだ最大内接円筒での評価になります。

　穴を検査する場合のプラグゲージの使い方は、通り側のGOゲージがスムーズに貫通し、止まり側のゲージが挿入できない、あるいは途中で止まってしまう場合に合格と判定します（**図1-7**）。

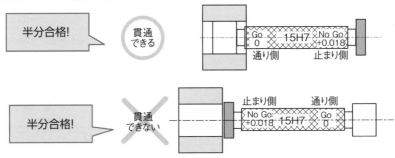

図1-7 プラグゲージを使った検査方法

　市販のプラグゲージがない場合、2点間測定に加えて最大実体サイズでできた機能ゲージの組み合わせや、3次元測定機を使うこともできます。

φ(@°▽°@) メモメモ

包絡の条件の記号Ⓔとサイズの指定条件記号Ⓖ🅧あるいはⒼⓃとの使い分け

　包絡の条件の記号とサイズの指定条件記号の使い分けは明示されていませんが、サイズの公差範囲は同義であると解釈して問題ないと思います。

　したがって、次のように使い分けるとよいのではないでしょうか。

1）包絡の条件の記号Ⓔを指示する場合→2step測定になる

　包絡の条件記号は、従来からJISに存在し、実業務の中でも活用されてきました。そのため、次に示す検査工程が想定される、あるいは決まっている場合に使うとよいと思います。

①ノギスとGoゲージの併用によって計測するパターン

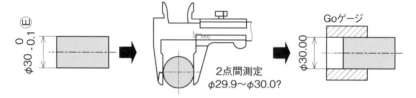

②Go/NoGoゲージのみで計測するパターン

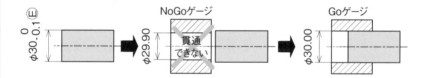

2）サイズの指定条件記号を指示する場合→1step測定になる

　サイズの指定条件記号は、3次元測定機による測定を意識した記号であることが想定されます。そのため、次に示す検査工程が想定される、あるいは決まっている場合に使うとよいと思います。

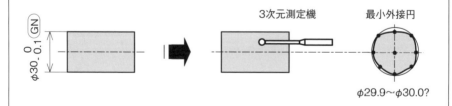

2）連続サイズ形体の指定条件記号 CT

　JIS B 0420-1の規約の中で、サイズにも幾何公差で使うCZ（複合領域）に似た記号があります。複数のサイズ形体を1つの形体とみなす場合は、記号"CT"を使います。

　幾何特性に使用する記号"CZ"と混同しないように注意しましょう。

　複数のサイズ形体を包括した1つのサイズ形体としてみなして適用する場合、適用する形体の数を指示するために、「（形体の数）×」をサイズの寸法数値の前に記入します。指定条件記号"CT"はサイズ公差に続けて記入します。

　記号"CT"は、Common feature of size Toleranceの略で、直訳すると「サイズ公差の共通形体」という意味になります（**図1-8**）。

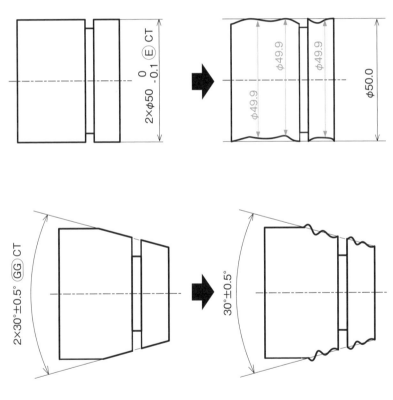

図1-8 連続サイズの指定条件記号CT

第2章

データムに使う新しい記号って、なんやねん!
~ISO 5459:2011準拠~

今さらデータムに新しい記号ができたって!?

（ノ≧o≦）ノ ┤゜・∵。

ISO5459:2011やISO1101:2017を確認すると、
データムに関して従来のJISに明記されてなかった解釈や、
新しい記号が増えています。

（*￣∀￣）"b" チッチッチッ

2-1	データムに関連する用語と記号
2-2	データム記入のルール
2-3	データムのための特別な記号
2-4	共通データムとデータム系
2-5	データムターゲットのための特別な記号

第2章	1	# データムに関連する 用語と記号

データム（ISO5459：2011 -3.4より抜粋）

　公差領域のまたは仮想である理想的な形体の位置や方向、またはその両方を定義するために選択された1つまたは複数の実際の表面形体に関連付けられた形体です。

注1）データムは理論的に正確な平面、直線または点、あるいはそれらの組み合わせによって定義されます。

注2）データムが複雑な表面上に確立されるとき、そのデータムは点、直線、または平面、あるいはそれらの組み合わせからなります。記号[PT]（点）、[SL]（直線）、[PL]（平面）、またはそれらの組み合わせをデータム文字に添付することで、表面に対して配置される形体を制限することもできます。

1）用語の定義

　ISOによる様々なデータムに関連する用語の定義を確認しましょう（**表2-1**）。

表2-1 データムに関連する用語

単一データム	単一の表面または単一のサイズ形体から得た1つのデータム形体から作成されたデータム。 単一の表面とは、平面、円柱、回転体、球、多角柱、らせん形状または複合形状からなります。
共通データム	同時にみなされる2つ以上のデータム形体から確立されたデータム。共通データムは、データム形体によって作成された集合形体として定義されます。
データム系	2つ以上のデータム形体から特定の順序で確立された2つ以上の配置された形体の組合せをいいます。
データムターゲット	データム形体の一部である点、線分、または面の領域。データムターゲットが点、線、または面の場合、それぞれをデータムターゲットポイント、データムターゲットライン、またはデータムターゲットエリアと呼びます。
可動データムターゲット	拘束できるように移動可能なデータムターゲット。

その他の基本的な用語の定義を確認しましょう（**表2-2**）。

表2-2 その他の用語

集合面	同時に1つの面と見なされる2つ以上の面。2つの交差面は同時にまたは別々に考えることができ、2つの交差面が同時に1つの面と見なされる場合、その面を集合面と呼びます。
サイズ形体	サイズである「長さ寸法」または「角度寸法」によって定義される幾何学的形状。円柱、球、2つの平行な対向面、円錐形またはくさび形状をサイズ形体と呼びます。
TED （理論的に正確な寸法）	Theoretically Exact Dimensionの略語で、個別のまたは普通許容差の影響を受けない寸法。位置などに使用される寸法で、長方形の枠内の数値で示され、暗黙値である0 mm、0°、90°、180°、および270°は省略します。第3章でも詳述します。

2）データムに関連する記号

データム形体またはデータムターゲットを識別するための記号を示します（**表2-3**）。

表2-3 データム形体またはデータムターゲットを識別するための記号

意味		記号	備考
データム形体記号			
データム形体名称		大文字（A、B、C、AAなど）。ただし、誤解される可能性があるためI、O、Q、およびXは使用しない	
単一データムターゲット記入枠			
可動データムターゲット記入枠			★
データムターゲット記号	点		
	開放線		
	閉じた線		★
	領域		

★従来のJIS B 0022:1984やJIS B 0021:1998には明示されていなかった記号

データ文字に関連付けることができる修飾記号を示します（**表2-4**）。

表2-4 データ文字に関連付けることができる修飾記号

記号	説明	備考
[PD]（Pitch Diameter）	ピッチ円直径	
[MD]（Major Diameter）	外径	
[LD]（Least[Minor] Diameter）	内径	
[ACS]（Any Cross Section）	任意の断面	★*1)
[ALS]（Any Longitudinal Section）	任意の縦断面	★*1)
[CF]（Contacting Feature）	接触形体	★
[DV]（Variable Distance）	可変距離 （共通データムに使用する）	★
[PL]（Plane）	平面	★
[SL]（Straight Line）	直線	★
[PT]（Point）	点	★
>< （For orientation constraint only）	姿勢拘束限定	★
Ⓟ	突出公差 （2次または3次データム用）	
Ⓛ	最小実体要求	
Ⓜ	最大実体要求	

★従来のJIS B 0022:1984やJIS B 0021:1998には明示されていなかった記号
*1)第3章4項で解説します

第2章	2	# データム記入のルール

1) 単一データムの表記

①誘導形体（中心点や中心線、中心平面）をデータムにする場合

　データム記号は、寸法線の矢に合わせて記入する以外に、次のように指示することができます（図2-1）。

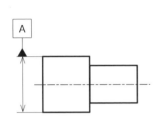

a) 寸法線の延長上

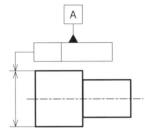

b) 寸法線の延長を指し示す公差記入枠の上

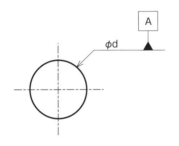

c) 引き出し線の上

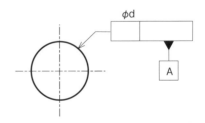

d) 引き出し線に接続された公差記入枠の上

図2-1 中心線にデータムを指示する場合

円を丸く見える方向から見たときに、1本の引き出し線だけでも中心線指示と解釈できるんか！

引き出し線で小径穴に中心指示を示したいときは便利やな！

②表面形体（表面や母線）をデータムにする場合

データム記号は、寸法線の矢からずらして記入する以外に、手前の面や裏の面に対して指示することができます。白丸を付けた破線の引き出し線を使って隠れた面に指示することもできますが、投影図を工夫してデータム面が隠れていない投影図から指示できるように、投影図レイアウトを検討すべきでしょう（図2-2）。

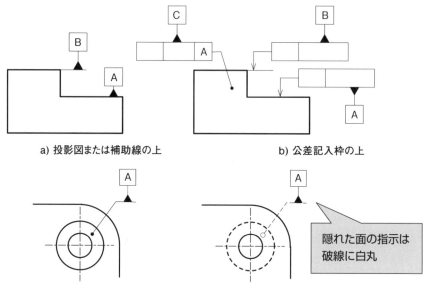

a) 投影図または補助線の上   b) 公差記入枠の上

c) 引き出し線の上（黒丸をつける）   d) 破線の引き出し線の上（白丸をつける）

隠れた面の指示は破線に白丸

図2-2 表面形体にデータムを指示する場合

2）複数の単一データムの指示（共通データムの代用指示）

データムが複数に分離しており共通データムとして指示する場合、1つのデータム記号の右側に「（個数）x」と表記する簡略指示を使うことができます。

データム記号が公差記入枠につく場合は、公差記入枠の上に「（個数）x」と表示するか、引出線を適用する全ての面に当てます。

共通データムを参照して幾何特性を指示する場合、d)のようにハイフンで区切った二重文字を使用します（図2-3）。

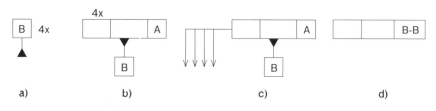

a)   b)   c)   d)

図2-3 複数の単一データムの指示

| 第2章 | 3 | # データのための
特別な記号 |

データム形体が明確な場合を除いて、公差記入枠の該当する区画内に追加の補足記号（PL、SL、PT、> <）をデータム文字の後に加えることができます。

①データム形体が平面であることを指定する場合の補足記号：[PL]（図2-4）。

		A	B	[PL]	C

図2-4 データム形体として平面を指定する場合

②データム形体が直線であることを指定する場合の補足記号：[SL]（図2-5）。

		A	B	[SL]	C

図2-5 データム形体として直線を指定する場合

③データム形体が点であることを指定する場合の補足記号：[PT]（図2-6）。

		A	B	[PT]	C

図2-6 データム形体として点を指定する場合

えぇ～… いちいち
データムの形状を
記入せなあかんの？

2次元図面に使う場面は少ないと
思うで！ でも、3DAモデルの場
合はデータムの形体を明確に指
示できるから効果的なんや！

④データムからの姿勢のみを拘束する場合の姿勢拘束限定記号：＞＜

　例えば、データムBに姿勢拘束限記号"＞＜"を指定すると、位置はデータムA によって拘束できますが、データムBは公差領域の姿勢のみを拘束し位置は拘束で きません（図2-7）。

　ただし、幾何特性に平行度や直角度などの姿勢偏差が指示されている場合、姿勢 拘束限定記号"＞＜"はつけません。

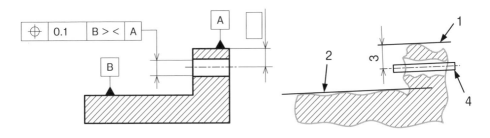

1　外接する実体の拘束かつデータムBからの姿勢拘束を伴う関連平面
2　外接する実体拘束を含む関連平面（データムB）
3　位置を示す距離
4　データムBから姿勢のみ拘束しつつデータムAから位置拘束を伴う公差領域

図2-7 姿勢拘束限定記号"＞＜"を使用したデータムの例と解釈

この記号は設計意図として、基 準となるデータム領域が狭くて 安定性にかける場合に、より安 定性のある面を姿勢の基準に使 う場合に便利なんや！

おぉ～！ 今までは検査時の 姿勢の安定性を優先して設 計意図に反した面を基準面 とすることがあったけど、 これで解決できるわ！

| 第2章 | 4 | 共通データムと
データ系 |

1）共通データムの表記

　共通データムの場合、公差記入枠のひとつの区画内で、ハイフンで区切ったデータム文字で指示します。共通データム文字の順序に意味はありません（**図2-8**）。

| | | A-B |

| | | B-B |

図2-8 共通データムの指示

　共通データムに補足記号（CF、SL、PL、またはPT）を適用する場合、括弧を付けた共通データムの文字列に続けて補足記号を記入します（**図2-9**）。

データムAもBも直線要素の場合、括弧をつける

| | | (A-B) [SL] |

図2-9 共通データムのための補助記号（1）

　共通データムの要素のうち1つだけに補足表示（CF、SL、PL、またはPT）を適用する場合、共通データムの文字列に括弧は付けずに、補足記号はその直前の要素に適用されます（**図2-10**）。

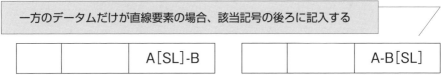

一方のデータムだけが直線要素の場合、該当記号の後ろに記入する

| | | A[SL]-B |

| | | A-B[SL] |

図2-10 共通データムのための補助記号（2）

　共通データムを構成する形体間の直線間距離が可変の場合、共通データムの文字列の後に記号「DV」を同一の公差記入枠内に記入します（**図2-11**）。

※記号"[CF]"と"[DV]"については、後述します。

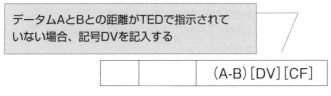

データムAとBとの距離がTEDで指示されて
いない場合、記号DVを記入する

| | | (A-B) [DV] [CF] |

図2-11 共通データムのための補助記号（3）

２）共通データムの使い方と解釈

　それでは復習もかねて、共通データムの使い方と解釈を確認しましょう。ここでは従来のJISに記載されていなかった解釈も追加して紹介します。

①同軸上に配置された２本の円筒軸から得る共通データムの場合

　同軸上に配置されているため、２軸の位置は同軸（２本の軸の位置はTED＝0で設計している）が省略されていると解釈します（**表2-5**）。

表2-5 2本の同軸円筒から得た共通データム

① 実際の形体
② 姿勢拘束のない最初の関連形体
③ 姿勢拘束のない2番目の関連形体
④ 2つの関連形体間の姿勢(平行度)と位置(同軸度)の制約
⑤ 最初の関連円筒の中心線
⑥ 2番目の関連円筒の中心線
⑦ 同時に関連付けられた2つの関連形体を包括した中心線

φ(@°▽°@) メモメモ

同軸上に配置された2本の円筒軸から得る共通データムの考え方

　前ページで解説した互いに同軸上に配置されたデータムＡ（円筒の中心軸）とデータムＢ（円筒の中心軸）を共通データムとして指示する場合、どのような設計機能に対して使えばよいのでしょうか？

　JISやISOには、その使い方は明記されていませんが、次のように考えるとよいでしょう。

　例えばボールベアリング（円筒ころベアリングやすべり軸受でも同様に考えてよいと判断します）で1本の軸を受ける場合を考えます。

　このとき、軸は2つのベアリングによって保持されてはいますが、回転方向の自由度がフリーの状態で浮動していることになります。つまり、軸は完全に拘束されていないため、2つのベアリングの成り行きに依存するという解釈から、共通データムを用いればよいのです。

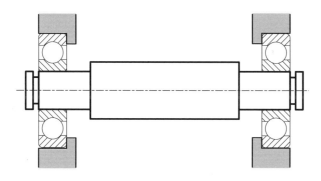

②2本の離れた平行円筒軸から得る共通データムの場合

　2本の平行円筒軸を共通領域として指示する場合、平行2軸間のTED指示が必要になります（**表2-6**）。

表2-6 2本の平行円筒から得た共通データム

データム形体の図面指示		
公差記入枠内の データム指示	図の解釈	得られた共通データム
A B ※図a)の場合	① ②	⑤ ⑥
B A ※図a)の場合	② ①	⑤ ⑥
A-B ※図b)の場合のみ	50.0 ④ ③ ④	⑦ ⑥

① 姿勢拘束のない最初の関連形体
② 最初の関連形体からの姿勢拘束（平行度）を持つ2番目の関連円筒
③ 姿勢拘束と位置拘束（位置度）を同時に関連付けられた円筒
④ 関連円筒とデータム形体の間でバランスのとれた最大距離
⑤ 最初の関連円筒の中心線
⑥ 2つの関連する円筒の軸を含む平面
⑦ 同時に関連付けられた2つの円筒の軸の中央にある直線

φ(@°▽°@) メモメモ

2本の離れた平行円筒軸のデータムに対する考え方

前ページで解説した互いに平行なデータムA（円筒の中心軸）とデータムB（円筒の中心軸）の優先順位の違いをどう使い分ければよいのでしょうか？

ISOには、その使い方は明記されていませんが、次のように考えるとよいでしょう。

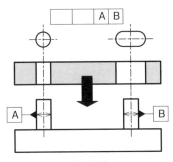

a)ピン固定

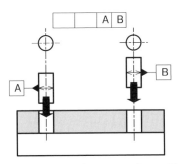

b)順序のあるピンあるいはボルトの挿入

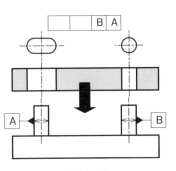

a)ピン固定

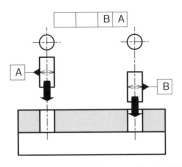

b) 順序のあるピンあるいはボルトの挿入

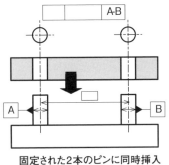

固定された2本のピンに同時挿入

③直交する１本の円筒と１つの平面から得る共通データムの場合

　１本の円筒軸と１枚の平面を共通領域として指示する場合、直交する２つの形体の中間をとります（**表2-7**）。

表2-7 円筒と平面から得た共通データム

データム形体の図面指示		

公差記入枠内の データム指示	図の解釈	得られた共通データム
A B		
B A		
A - B		

① 姿勢拘束のない最初の関連形体
② 最初の関連形体からの姿勢拘束（直角度）をもつ２番目の関連形体
③ 姿勢拘束と位置拘束を同時に関連付けられた形体
④ 関連形体とデータム形体の間でバランスのとれた最大距離
⑤ 関連円筒から得られた誘導形体（中心線）
⑥ 直線と平面の交点

円筒の中心軸と平面の優先度の考え

　前ページで解説した互いに直交するデータムA（円筒の中心軸）とデータムB（円筒根元の平面）の優先順位の違いをどう使い分ければよいのでしょうか？

　ISOには、その使い分けは明記されていませんが、どちらのデータムに依存性が高いかで使い分けることが妥当と考えます。

　円筒軸をデータムに設定する場合、ある程度精度の高いはめあい構造であることが考えられます。この時に設計者として注意すべき事項があります。

　はめあい構造の場合、多くの人が円周方向のすき間に着目します。

　例えば、円周方向のすき間が"5μm"と"30μm"の部品があると、当然のように"30μm"の方が、ガタツキが大きいと考えるでしょう。

　しかし、2部品のがたつきは円周方向のすき間より、その奥行の長さに依存することの方が多いのです。したがって、数値による根拠は示せませんが、経験的に次のようにするとよいでしょう。

①はめあい長さが長い、あるいは円筒部が中間ばめ／しまりばめの場合
（データムＡへの依存度が高い）

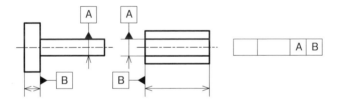

②はめあい長さが短い場合（データムＢへの依存度が高い）

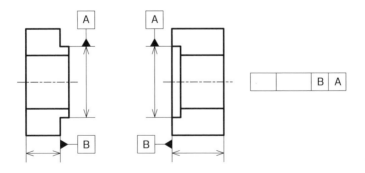

③はめあい長さが中間的で強い設計意図がない場合

　直交する2つのデータムＡとデータムＢを共通領域として指示する場合は、上記①と②のはめあい長さが中間的な長さで、強い設計意図がないときに使えばよいと考えます。

		A-B

データムターゲットのための特別な記号

1) データムターゲット番号のリスト表示

　従来は、データムターゲットをいくつ参照するかは、データムターゲット記号の"風船マーク"を探すしか手段がありませんでした。データム形体が1つ以上のデータムターゲットから確立されている場合、データムを識別する番号のリストをデータム記号の近くに記入するようになりました（**図2-12**）。

図2-12 データムターゲットを使う場合のリスト指示

2) データムターゲット領域の指示

　データムターゲットの位置や形状は、TED（理論的に正確な寸法）として指示します（**図2-13**）。

①データムターゲットの領域が円形、正方形、または長方形の単純形状の場合、データムターゲット記号の上部区画に記入します。しかしスペースが足りない場合は、引出線によって外側に配置できます（間接指示）。

②データムターゲットの領域が異形形状の場合、その形状をTEDで直接図面に記入することもできます（直接指示）。

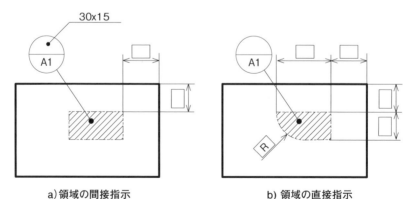

a) 領域の間接指示　　　　　　b) 領域の直接指示

図2-13 データムターゲット領域の指示

隠れた領域にデータムターゲットを指示する場合、白丸を付けた破線の引き出し線で指示することができます。しかし、読み手が誤解することを防ぐため、可能な限り隠れていない実表面に指示するように心がけましょう（図2-14）。

　領域を図示する線は、どちらも細い二点鎖線です。ちなみに引き出し線を出す方向に意味はありません。

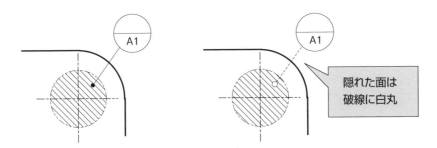

図2-14 円の領域にデータムターゲットを指示する場合

3) 複雑な形状へのデータムターゲットの使い方

　データムターゲットを組み合わせて形体を決める場合、データムターゲットの数と位置はその形体を決めるのに十分であるように、相対位置はTED（直線距離か角度）によって定義します。

　例えば、コンピュータが自動設計するような3次元的にねじれのある複雑な形状において、基準となる平面や円筒が存在しない場合は、専用の治具で支えて保持することを想定して点をデータムターゲットとすることもできます（**図2-15**）。

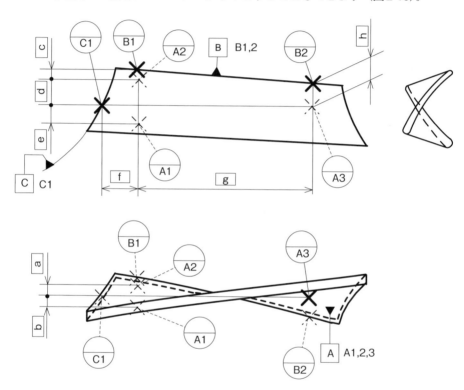

図2-15 複雑な表面上のデータムターゲットの指示例

設計のPoint of view……検査のしやすさだけを考慮したデータムターゲット

　平面や直線部分のない複雑な形状に設計意図を表現することは大変難しいといえます。このような場合は、設計意図とは無関係に、広いピッチで安定して部材を保持できる部分を探して、治具への設置しやすさを優先してデータムターゲット位置を設定するとよいと考えます。

4) データターゲットと併用する記号 CF（Contacting Feature：接触形体）
①データターゲットを使わないデータム指示とその解釈（復習）

　一般的に、軸の円筒表面から円筒の中心線をデータムとして得る場合、特に指定がなければ、データムは実際の円筒表面に接する最小外接円筒の中心線と解釈することができます（**図2-16**）。

　逆に穴の場合は、最大内接円筒と解釈します。

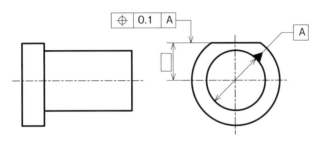

a) データムの図面指示

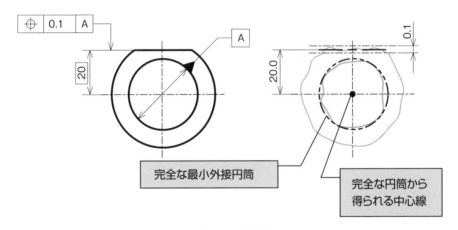

完全な最小外接円筒

完全な円筒から
得られる中心線

b) データムの解釈

図2-16 完全な円筒から得られるデータム

②データムターゲットを使ったデータム指示とその解釈

　データムを得るために形体の一部を使用する場合、データムターゲットとともに公差記入枠のデータムの区画内にデータム記号に続けて記号"[CF]"を記入します。

　接触形体とは、図示された理論的に正しい形体とは異なり、成り行きのデータム形体に関連付けられている任意のタイプの仮想形体といえます。

　したがって、記号"[CF]"（角括弧とすること）で指示された部分は実際の部品のサイズと形状に依存するため、接触形体と部品間の接触の位置を正確に決定しないことを意味します。

　データムターゲット線A1-A3とA2-A4の間の距離をTEDで示すことで拘束しているとみなします。　データムを得るために使用される関連形体は円柱ではないため、データムはその中心軸にはなりません。　データムは、2本のデータムターゲット線を通る平面とそれに垂直な中心平面の2つの平面で構成されます。（図2-17）。

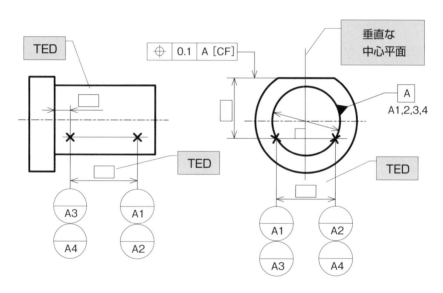

図2-17 円筒の接触形体から得られるデータム（抽象的な指示例）

同様に、実際の製品搭載時に直径10mmの軸で保持される構造の場合、検査時にも同じ状態で保持するように、治具の形状を模した図を図面に明記できます（図2-18）。

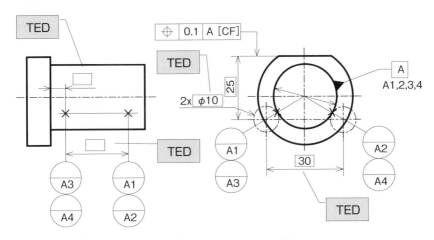

a) データムターゲットの図面指示

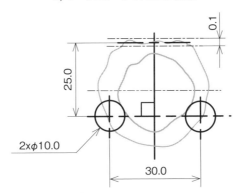

b) データムターゲットの解釈

図2-18 円筒の接触形体から得られるデータム（具体的な指示例1）

具体的な接触形状の指示があった方が、測定用治具も作りやすくなるで！

また、円筒の成り行きの直径サイズに対して角度 α°の溝部を接触形体に指定する場合（相手部品が V ブロックのような形状の場合）は、角度の TED で指示します。

　データムターゲット線 A1-A3 と A2-A4 は、円筒軸表面と溝部の接触によって定義されます。角度を指定しているためデータムターゲット A1-A3 と A2-A4 間の直線距離は記入しません（**図2-19**）。

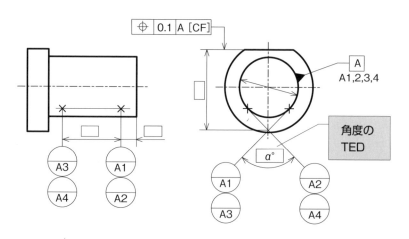

図2-19 円筒の接触形体から得られるデータム（具体的な指示例2）

なるほど〜！ 記号"[CF]"を使うときは、形体の外表面を治具に押し当てて拘束したいときに使えばええんか！

5) データムターゲットと併用する記号：可動データムターゲット

　可動修飾記号は、他のデータムまたはデータムターゲットとの間の距離が固定されていない場合に、データムターゲットを動かすことができる方向を指定します。

　可動修飾記号は、その尖った先端の向きが重要であり、データムターゲットの動きの方向は引出線によってではなく、可動修飾記号によって与えられる方向になります（**図2-20**）。

a) 可動修飾記号

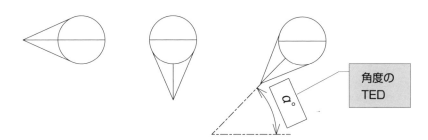

角度の
TED

b) 可動データムターゲット（水平、垂直または傾斜方向）

図2-20 可動データムターゲット

嘴（くちばし）みたいな記号の方向にデータムターゲットの治具を動かして密着させるときに使うんや！

可動データムターゲットの使い方の例を確認しましょう。

　記号"[CF]"は固定側のデータムターゲットに指示しますが、固定しない側の
データムターゲットの位置を動かして拘束する場合に可動データムターゲットを指
示するものと解釈すればよいでしょう。

①基準となるデータムに対して直角に移動する場合

　固定側のデータムターゲット A1 および A2 を通過する線に直角に可動データム
ターゲット B1 および B2 を当てる場合は、次のように示します（**図2-21**）。

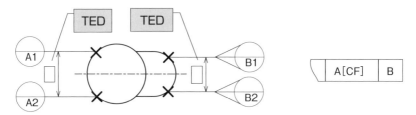

※データムBの治具を動かしたい方向に可動修飾記号を向ける

a) 図面指示例

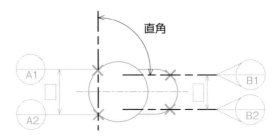

※左右方向のTEDがないため左右に可動と考える

b) 解釈

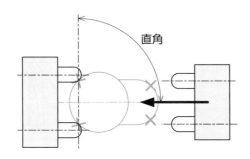

c) 検査治具のイメージ（点接触の例）

図2-21 可動修飾子によって与えられる方向（直角方向）

②基準となるデータムに対して平行に移動する場合

固定側データムターゲットA1およびA2を通過する線に平行に可動データムターゲットB1およびB2を当てる場合は、次のように示します（図2-22）。

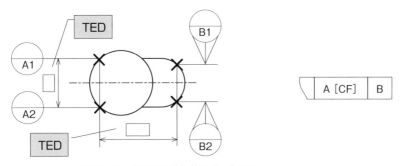

※動かしたい方向に可動修飾記号を向ける

a) 図面指示例

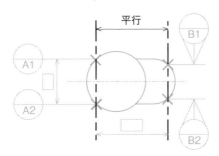

※上下方向のTEDがないため上下に可動と考える

b) 解釈

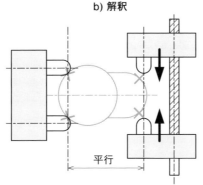

c) 検査治具のイメージ（点接触の例）

図2-22 可動修飾子によって与えられる方向（平行方向）

③基準となるデータムに対して指定された角度を保って移動する場合

　固定側データムターゲットB1とB2は、円筒表面Bと接触形体の間の接点によって定義されます。つまり、円筒の実際の直径サイズと角度α°の薄いV形治具によって定義される接触形体に依存します。

　データムターゲットB1、B2とC1、C2の間の距離は明示しません。

　したがって、データムターゲットB1とB2を基準にしてデータムターゲットC1とC2の可動データムターゲットを同期して移動させる場合は、次のように示します（図2-23）。

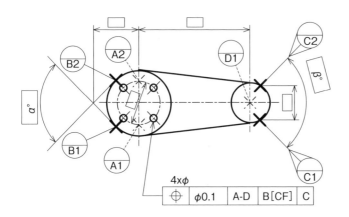

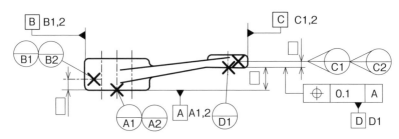

図2-23 データムターゲットから確立されたデータム系の例

6) データムターゲットを省略できる記号：DV（Variable Distance：可変距離）

　共通データムに対して、記号"［CF］"と可動データムターゲット記号を組み合わせると、治具となる球形体を接触形体としてデータム部に押し当てることができます。 しかし、共通データムの場合、データムAとデータムBとに優先度の違いはないため、図のように固定側と可動側に分けると矛盾が生じてしまいます（**図2-24**）。

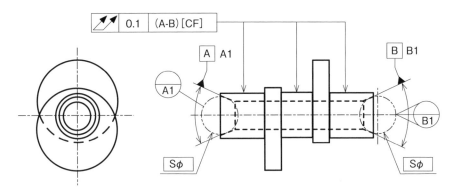

図2-24 データムターゲットから確立されたデータム系の例（1）

　そこで、データムターゲットの優先度の矛盾を排除するために、2つのデータム位置が同時に可変であることを示す記号"DV（Variable Distance）"を追記することもできます。

　記号"DV"は、共通データムと記号"［CF］"を併記して使用します（**図2-25**）。

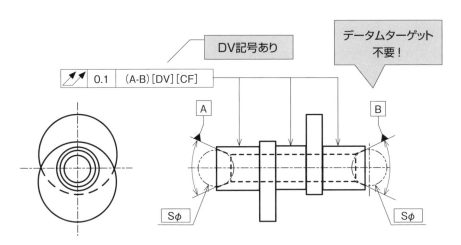

図2-25 データムターゲットから確立されたデータム系の例（2）

あいまいさをなくす記号が追加されてん!（1）
～ISO 1101:2017、 ISO 5458:2018準拠～

幾何公差の記号くらい、教えてもらわんでも知ってるわ！

（ノ≧o≦）ノ┤゜・∵。

ISO5458:2018やISO1101:2017の改正によって、従来のJISになかった様々な記号が増えています。あいまい性を排除しつつ、設計意図をより詳しく指示できるようになっています。

(*￣∀￣)"b" チッチッチッ

ISO1101：2017「幾何学的製品仕様（GPS）-幾何公差-形状、姿勢、位置、および振れの公差」に記載されている基本的な用語を確認しましょう（表3-1）。

表3-1　幾何特性に関連する用語

| TED:
Theoretically
Exact
Dimension
（理論的に正確な寸法）

※本書では、「理論的に正確な寸法」は"TED"と記載しています。「理論的に正確な角度寸法」は"角度のTED"と記載します。 | 形体の理論的に正確な形状、範囲、位置および姿勢を定義するために用いられる直線寸法または角度寸法。
注1）TEDを使用すると、以下を定義できます。
・形体の基本形状と寸法
・理論的に正確な形体の定義
（TEF:Theoretically Exact Features）
・制限された公差形体を含む形体の一部の位置と寸法
・投影された公差形体の長さ
・2つ以上の公差領域の相対的な位置と姿勢
・データムターゲット（可動データムターゲットを含む）の相対的な位置と姿勢
・データムおよびデータムシステムに関連する公差領域の位置と姿勢
・公差領域の幅の方向
注2）TEDは表記されるか暗黙の下で使われます。表記される場合は、場合によってφやRを含んで長方形の枠で囲みます。
注3）暗黙のTEDは省略されます。暗黙のTEDとは次のいずれかをいいます；0mm、0°、90°、180°、270°、および完全なピッチ円上の等間隔の形体間の角度。
注4）TEDは、個別の特性または一般的な特性の影響を受けません。 |
| TEF:
Theoretically
Exact Feature
（理論的に正確な形体）

※本書では、「理論的に正確な形体」はTEFと記載します。 | 必要に応じて、理想的な形状、サイズ、方向、および位置を備えた基準形体。
注1）TEF（理論的に正確な形体）は任意の形状を持ち、表記されたTED（理論的に正確な寸法）によって定義されるか、CADデータによって暗黙的に定義されます。
注2）該当する場合、理論的に正確な位置と方向は、対応する実際の形体の仕様について示されたデータムシステムに関連します。 |

幾何特性記号の領域、形体、および断面形体で使用される記号を示します（**表3-2〜表3-4**）。

表3-2　様々な記号一覧(1)

記号	意味	備考
公差指示記号		
	データム区画のない幾何特性の指示 Geometrical specification indication without datum section	
	データム区画のある幾何特性の指示 Geometrical specification indication with datums section	
特定要素から誘導される公差形体(1)		
Ⓐ	誘導形体　(Derived feature)	★
Ⓟ	突出公差域　(Projected tolerance zone)	
理論的に正確な寸法記号		
50	理論的に正確な寸法(TED) (Theoretically Exact Dimension [TED])	
補助形体の指示記号		
ACS	任意の断面　(Any Cross-Section)	★
ALS	任意の縦断面　(Any Longitudinal Section)	★
公差形体の特別な記号		
LD	小さい方の直径 (Least Diameter =minor diameter)	
MD	大きい方の直径　(Major Diameter)	
PD	ピッチ円直径　(Pitch Diameter)	
UF	複合形体　(United Feature)	★
⟷	区間　(Between)	

★従来のJIS B 0022:1984やJIS B 0021:1998には記載されていなかった記号

表3-3　様々な記号一覧(2)

記号	意味	備考
サイズ公差関連記号		
Ⓔ	包絡の条件　(Envelope requirement)	
特定要素の実体状態		
Ⓜ	最大実体要求 (Maximum material requirement)	
Ⓛ	最小実体要求　(Least material requirement)	
Ⓡ	相互要求　(Reciprocity requirement) 最大実体要求と逆の考え方で、幾何公差の測定値が よい結果の場合にサイズ公差を広げる考え方です。	★ ※1
特定要素の状態		
Ⓕ	自由状態(非剛性部品) (Free state condition [non-rigid parts])	

★従来のJIS B 0022:1984やJIS B 0021:1998には記載されていなかった記号
※1:使用頻度はほとんどないと思われるため、本書では解説しません

　表3-3に示す従来からJISに記載されていた記号の詳細は、拙著「図面って、ど
ない描くねん！」シリーズの「最大実体公差　LEVEL3」を参照ください

表3-4　様々な記号一覧(3)

記号	意味	備考
特定要素の組み合わせ		
CZ	複合領域　(Combined zone)	★ ※1
SZ	分離領域　(Separate zones)	★
CZR	姿勢のみ拘束する複合領域 (Combined Zone Rotational only)	★
SIM	同時要件(Simultaneous requirement) ※記号に続けて通番を記入することができる(例:SIM1)	★
特定要素不均等な領域		
UZ	指定するオフセット公差領域 (Specified tolerance zone offset)	★
仕様要素の制約		
OZ	任意のオフセット公差領域 (Unspecified linear tolerance zone offset : Offset Zone)	★
VA	任意のオフセット角度公差領域:可変角度 (Unspecified angular tolerance zone offset : Variable Angle)	★

★従来のJIS B 0022:1984やJIS B 0021:1998には記載されていなかった記号
※1:以前は同じ記号"CZ"でも共通領域(Common Zone)の意味であった

第3章	3	# 幾何特性の指示と 公差領域

1）表面形体への特性の指示

　表面形体に幾何特性を指示する場合は、従来通り寸法線の矢と明確に外して指示します（**図3-1**）。

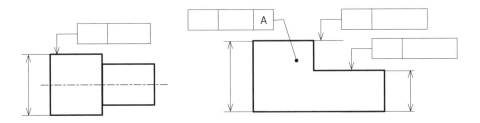

図3-1　表面形体へ幾何特性を指示する例(1)

設計のPoint of view……ルールに頼らず投影図を工夫する余地を考える

　幾何公差の指示線は、寸法線の矢からずらして記入する以外に、手前の面や裏の面に対して指示することもできます。

　ルール上は裏面に対して破線と白丸で裏面であることを指示することができますが、図面の読み手が誤解する可能性も否定できません。そのため、できる限り投影図を工夫して幾何特性を指示する面が隠れない実表面の方向から指示できるように工夫すべきでしょう（**図3-2**）。

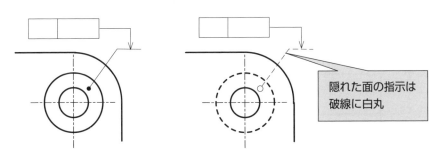

a)　黒丸を付けた引き出し線の上　　　b) 白丸を付けた破線の引き出し線の上

図3-2　表面形体に幾何特性を指示する例(2)

2）表面形体に対する公差領域の原則

　公差領域は特に指定がない限り、参照する形体の周りに対称的に配置します。

　公差値も特に指定がない限り、公差領域の幅を定義し、公差領域の局部の幅は指定された形状に対して垂直に適用します（**図3-3**）。

　したがって公差域の幅の方向がTEDで指定される場合を除き、引き出し線の向きは公差領域に影響しません。

※公差領域の向きをTEDで示す例は、図4-22を参照。

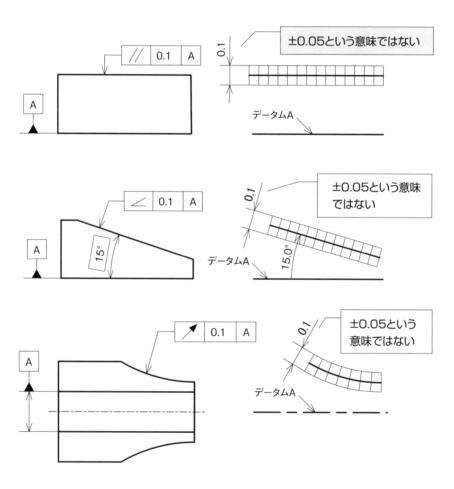

図3-3 表面形体に対する公差領域の原則

・表面形体にも指示ができると明記されている対称度（ISO 1101:2017）

　従来のJISでは、対称度は誘導形体（中心平面や中心線）に指示した図例しかありませんでした。また、ISO 1101-2017にある図例にも対称度は誘導形体（中心平面や中心線）に指示した図例しかありません。

　しかし、ISO 1101-2017の対称度の説明の原文に表面形体にも使えると明記されていることから、下図のような表記も可能であると判断できます（**図3-4**）。

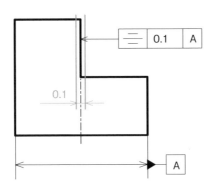

図3-4 表面形体に指示した対称度の例（ISOに図例はない）

φ(@°▽°@)　メモメモ

ISO 1101:2017の原文より

17.15 Symmetry specification
17.15.1 General
The toleranced feature is either an integral feature or a derived feature. The nature and shape of the nominal toleranced feature is a point, a set of points, a straight line, a set of straight lines, or a flat surface.

17.15 対称度の特性仕様
17.15.1 概要
　公差形体は、外郭形体または誘導形体のいずれかとなります。基本となる公差形体の性質と形状は、1つの点、一連の点、1本の直線、一連の線、または1枚の平面です。
　（筆者注：ISO原文には明記されていませんが "一連の平面" も対象となるはずです。）

3) 誘導形体（中心形体）への指示

　誘導形体である中心線や中心平面に幾何特性を指示する場合、指示線を寸法線の矢に当てることが条件です（**図3-5**）。

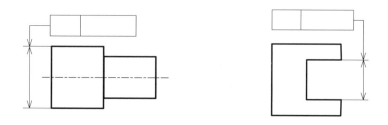

図3-5 中心線あるいは中心平面に幾何公差を指示する場合

①誘導形体のフィルター記号：Ⓐ…回転体限定

　新たなフィルター記号が追加されたことで、指示線の矢は寸法線の矢と外して指示しても中心線指示であることが表現できるようになりました。

　2つの形体から構成される平行二平面ではあいまいになるため、この記号は回転体（円筒軸やテーパー、球など）にしか使用することができません（**図3-6**）。

　記号に使うアルファベットAは、「Axis（中心線）」の略であると思われます。

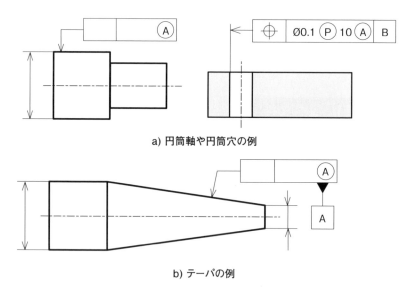

a) 円筒軸や円筒穴の例

b) テーパの例

図3-6 中心線に幾何交差を指示する例

　前述のようにⒶの指示は円筒軸や円筒穴に使う記号ですが、2次元図面で対象が誘導形体であることを明示するために寸法線に指示線の矢を当てることが難しいという状況は極めて少ないと思われます。

　逆に、テーパやひょうたんのような形状は、直径サイズが固定できないため、寸法線に指示線の矢を当てることが難しい形状です。したがって、このような特殊な形状の際には2次元図面でも誘導形体のフィルター記号Ⓐを使うとよいでしょう。

　あるいは、3Dモデルの誘導形体に特性を指示する際に、当てるべき寸法線を省略したことによって図示されていない、または指示しづらい場合があるため、3DAモデルにとって使い勝手のよい記号といえるでしょう。

※3DAモデル（3D Annotated Model）とは、3Dモデルに公差をはじめとした製造情報が付加されたモデルのこと。詳細は、第5章を参照ください。

なるほど！ 2次元図面に使うならテーパに使うと便利そう！

②中心平面にも指示ができるようになった平面度

　従来のJISでは、平面度は表面形体にしか指示することができませんでしたが、ISO 1101-2017原文に中心平面にも使えると明記されました。

　平面度を表面に指示する場合と中心平面に指示する場合で、次のように設計意図を区別するとよいでしょう。

a)平面度を表面に指示する場合の設計意図の考え方

・ブロック形状部品のように、機械加工によって対向する面にその影響を及ぼさず、変形が追随しない部品に使う。

・設計意図として、平面度を指示した面を取り付け面にする場合など（**図3-7**）。

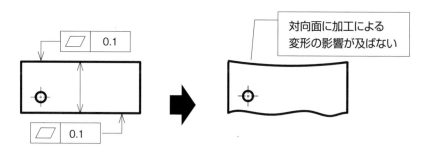

図3-7 平面度を表面に指示する場合の設計意図

b)平面度を中心平面に指示する場合の設計意図の考え方

・板金部品（厚板〜薄板）のように、溶断やプレス加工などによって対向する面にその影響が及び、変形が追随する部品に使う。

・表裏が対称形状であるため、どちらの面でも取り付けが可能な形状に使う。

・設計意図として、板が反って欲しくない場合など（**図3-8**）。

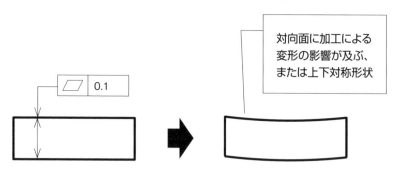

図3-8 平面度を中心平面に指示する場合の設計意図

③中心線や中心平面にも指示ができるようになった線の輪郭度・面の輪郭度

　従来のJISでは、線の輪郭度と面の輪郭度も表面形体に指示した図例しかありませんでしたが、ISO 1101-2017原文に中心線や中心平面などの誘導形体にも使えると明記されていることを確認しました。

　これも平面度と同様に下記の条件の時に使うとよいでしょう。

・円筒パイプや板金部品（厚板～薄板）のように、加工によって対向する面が形状的に追随する部品に使う（**図3-9**）。

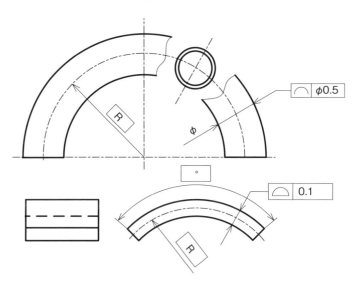

図3-9 輪郭度を誘導形体に指示する例（ISOに図例はない）

4）TED（理論的に正確な寸法）を記入すべき場所

TEDを指示すべき場所は、形状や姿勢、位置を表す場合に指示しますが、その他の場合にも指示が必要な場合があり、指示を忘れがちになりますので注意しましょう（**表3-5**）。

表3-5 TEDを指示すべきシチュエーション

特性など	図例
線の輪郭度 面の輪郭度	
傾斜度	
位置度	
限定エリア	
データムターゲットの 位置／形状	
突出公差域	

※図中の寸法線上の四角い枠は、TEDを示す

1) 修飾記号 ACS（Any Cross Section）：任意の断面

　記号 "ACS" は、公差形体を交差平面上の点として指定するためにつける記号になります。記号 "ACS" は、誘導形体である中心線にのみ使用できます。

　例えば同軸度／同心度の場合、公差形体は誘導形体である中心線か中心点になり、記号 "ACS" が指示されていない場合、原則として公差形体は中心線とみなします。公差形体を任意の位置の中心点として指示したい場合は、記号 "ACS" を公差記入枠の上に記入しなければいけません（**図3-10**）。

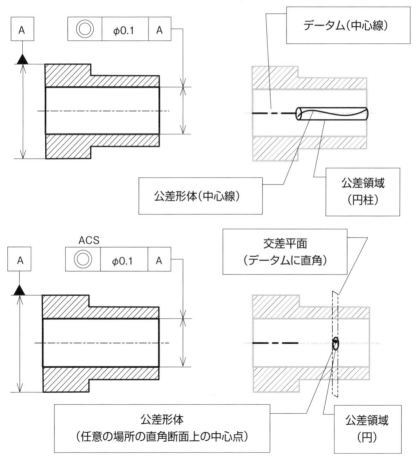

図3-10 記号"ACS"の使い方と解釈

2) 修飾記号 ALS (Any Longitudinal Section)：任意の縦断面

記号"ALS"は、交差平面上の縦断面線を公差形体として指定するために付ける記号になります（図3-11）。

円筒母線に真直度を指示することは少ないと考えますが、読み手に設計意図を明確に伝えるという面で利用価値はあると考えます。

あるいは3DAモデルに指示すれば、公差形体が中心線なのか母線なのかを明確に表現することができます。

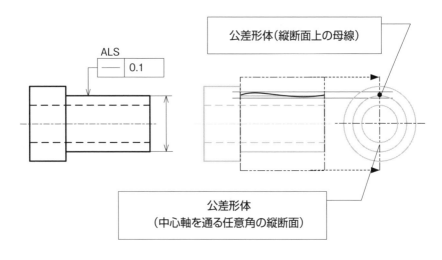

図3-11 記号"ALS"の使い方と解釈

設計のPoint of view……公差形体を明確にするための記号

従来、円筒の表面形体に指示線を当てると、暗黙の下で軸線方向の母線という解釈をしていました。しかし円筒の母線には軸線方向と円周方向があり、厳密にどちらを表しているのかあいまいさがありました。記号"ACS"や"ALS"を使い分けることで、暗黙の解釈から明確な指示ができるようになります。

3）データムに指示した場合の修飾記号 ACS, ALS

　記号"ACS"と"ALS"は、データム形体に指示することができます。

　この場合は、公差記入枠のデータムの区分にデータム記号に続けて括弧で挟んだ修飾記号を記入します（図3-12）。

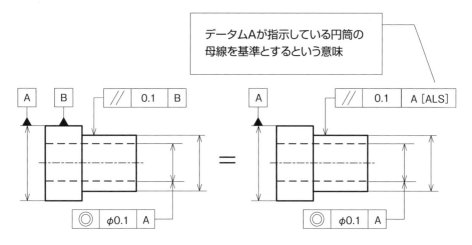

データムAが指示している円筒の
母線を基準とするという意味

図3-12 データムに記号"ALS"を指示した場合の表記例

なるほど！
むやみにデータムを
増やしたくない場合に
使うと便利かも！

4）大径の記号 MD（Major Diameter）
小径の記号 LD（Least Diameter：Minor Diameter）
ピッチ円径の記号 PD（Pitch Diameter）

ねじの特性は、特に指定しない限り、ピッチ円直径の中心線に適用すると解釈されます。ピッチ円以外を指定する場合に、大径（おねじなら外径、めねじなら谷の径）には記号"MD"を、小径（おねじなら谷の径、めねじなら内径）には記号"LD"を明記しなければいけません（図3-13）。

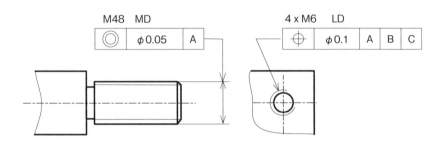

図3-13 ねじに対する特性の指示例

設計の Point of view……ねじは歯車に指示する時に検査を考慮する

ねじのピッチ円径に幾何特性を指示した場合、実際にはピッチ円径を測定することはできません。測定のことを考慮して次のように使い分けるとよいでしょう（表3-6）。

表3-6 ねじの径に対する設計意図

特性など	図例
PD（ピッチ円径）	ねじゲージを取り付けて、ねじゲージの突出部を測定対象物として代用する。めねじの場合、次ページに説明する突出公差域の記号"Ⓟ"と組み合わせるとよいでしょう。ただし、検査部門と調整して使用するねじゲージの精度等級（6Hや6hなど）を決めておく必要があります。
MD（大径）	おねじに使うべきでしょう。ねじ加工前のブランクの状態、つまり加工機上で測定指示するか、決められた加工工程を遵守することで、幾何特性を保証させて検査を省略するという選択肢もあります。
LD（小径）	めねじに使うべきでしょう。ねじ加工前の下穴（キリ穴）の状態、つまり加工機上で測定指示するか、決められた加工工程を遵守することで幾何特性を保証させて検査を省略するという選択肢もあります。

　部品のサイズが大きすぎるなどして、加工後に測定する手段がない場合などに限定されますが、加工機に乗せた状態のままで幾何特性を計測したり、あらかじめ決められた加工工程を守って加工することで計測なしで保証させたりすることも、幾何公差指示の"裏技"として活用することができます（**図3-14**）。

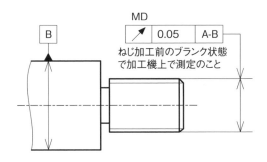

図3-14 加工機上で特性を保証する指示例（ISOには明記されていない）

5) 誘導形体のフィルター記号：Ⓟ

突出公差域の記号 "Ⓟ" を使った指示例を紹介します。

本来の突出公差域の使用法としては、組み合わせる相手部品の厚みの領域をコントロールする目的で使用します。

この使い方以外に、例えば、ねじのピッチ円に位置度などの幾何特性を指示した場合、ピッチ円は架空の形体であるため直接測定することはできません。

そのため、代用測定としてねじゲージを利用すると必然的に突出公差域を使わざるを得ないことが理解できると思います。

突出公差域を表す場合、仮想の公差域を細い2点鎖線で表し、その長さ寸法を記号 "Ⓟ" に続けて TED で指示します（**図3-15**）。

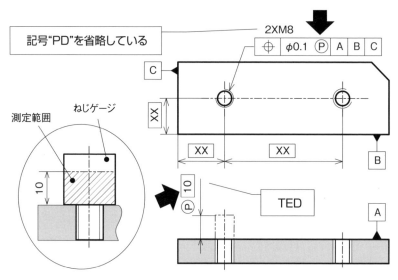

図3-15 突出公差域を利用したねじ位置の指示と測定治具例

小径穴の場合もピンゲージを挿入すれば測定できるから、便利や思うで！

突出公差域に除外する領域を設けたい場合は、次のように指示することができます（**図3-16**）。

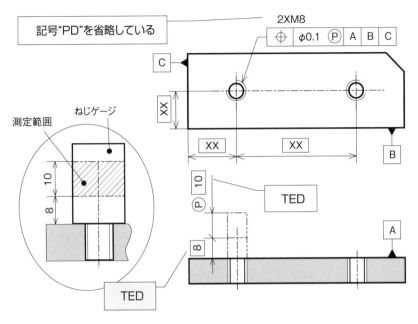

図3-16 突出公差域に除外する領域を設けた場合の指示と測定治具例

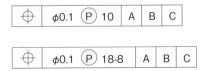

突出公差長さを公差記入枠内に指示するオプション

　従来、突出公差域の記号は、公差記入枠内と仮想の突出公差域を表す図の2か所に分けて指示していました。

　ISOでもASME Y14.5方式と同じ指示法として、仮想の突出公差域を二点鎖線で図示せずに、公差記入枠内の突出公差域の記号に続けて長さを記入することもできます。

　しかし、部品の形状によっては、突出公差域の方向を図示しないため、表裏のどちら側に突出領域があるか誤解を生じる可能性があります。誤解を招く恐れがある場合は、どちら側に突出するのか補足の文言を付けるべきでしょう。

6）複合形体記号：UF（United Feature）

　例えば、スプラインのような円弧形体が複数集合した形体を1つの形体としてみなす場合、記号"UF"を記入することで、複数の形体を1つの複合形体と表現できます。

　このとき、複数の単一形体が物理的に離れている場合は、記号"UF"に続けて形体の個数を表記します（図3-17）。

　ただし、複数の単一形体が連続してつながっている場合、個数表記はしません。

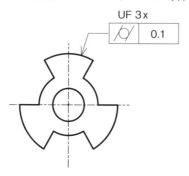

図3-17 複合形体に適用する記号の指示例

7）区間記号：↔（Between）

　複数の形状要素がつながって結合されている場合、複合形体記号"UF"に続けて区間記号"↔"で要求する区間を明確に指示することができます（図3-18）。

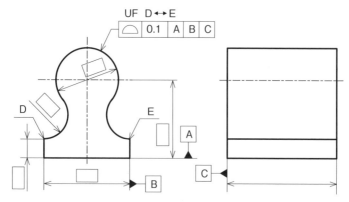

図3-18 複合形体の区間を明記する指示例

設計のPoint of view……通過点の表示

　通過点が3つ以上ある場合でも、区間記号"↔"は1か所だけの記入になります。

　例）"D,E,F↔G"

　従来より、区間記号"↔"は使用することができましたが、その区間内に複数の単一形体が存在することから、解釈にあいまい性がありました。

　　・複数の単一形体ごとに単一形体として要求を満足すべきなのか？

　　・複数の単一形体を一体化した複合形体として要求を満足すべきなのか？

　記号"UF"が使えるようになったことで、次のように解釈することができます。

① 複数の単一形体ごとに単一形体として要求する場合

　記号"UF"がない場合、単一の要素形状への要求とみなします（**図3-19**）。

　しかし誤解を防ぐために後述する記号"SZ"を記入すべきでしょう。

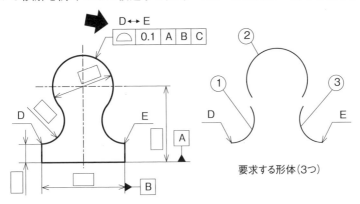

図3-19 記号"UF"を使わない場合の解釈（連続しない単一形体）

② 複数の単一形体を一体化した複合形体として要求場合

　記号"UF"を使うことで、連続した一体形状への要求とみなします（**図3-20**）。

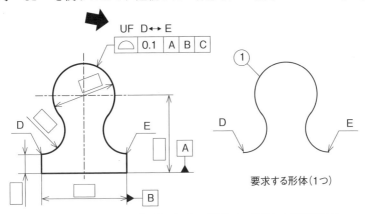

図3-20 記号"UF"を使う場合の解釈（一体化した連続形体）

8) 可変公差領域記号 : －

公差領域の幅が2つの値の間で直線的に変化する場合、次のようにします。

・公差領域が区間の中で変化させる場合、2つの公差値の間に可変公差領域の記号 "-" を記入する。

・可変公差値が適用される2つの場所を識別するために、公差記入枠の上に、2つのアルファベット文字の間に区間記号 "↔" を記入する。

公差値は図示されない限り、対象形体の指定された区間で、ある値から別の値への比例変動を意味し、対象形体の長さに沿って一定となります。

原則として、比例変動は2つの指定された位置を結ぶ線に沿った長さに従います（図3-21）。

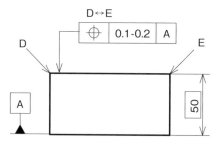

図3-21 可変公差領域

ここでISOの原文を読む限り、可変する公差値と適用する位置の関係が明確に確認できませんでした。上図の場合、常識的に考えれば、地点を示すD側の公差が0.1mm、E側の公差が0.2mmとなります。もし、公差値を「0.2-0.1」と記入した図例があれば地点を示すアルファベットに依存すると理解できるのですが、ISO原文からは公差値を並べる順序についての記述を確認することができませんでした。（私の英語読解力不足かもしれませんが…。）

いずれにせよ、どちら向きに公差を変化させていくのが明記されないと、検査工程で誤解が生じる可能性があります（図3-22）。

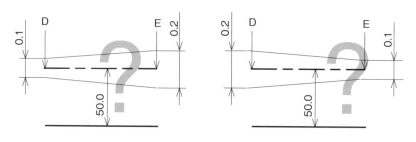

図3-22 不明確な可変公差領域の定義

　ISOのルールが明確であろうとなかろうと、読み手が誤解するかもしれないというリスクがある以上、対策が必要です。そのため個人の判断で公差領域の範囲を図示することが賢明であると考えます。下図の注記例は、筆者が考えた手法であり、ISOなどには指示されていませんのでご了解ください（**図3-23**）。

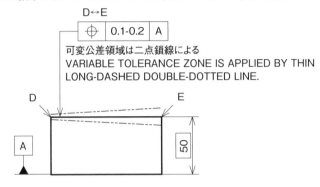

可変公差領域は二点鎖線による
VARIABLE TOLERANCE ZONE IS APPLIED BY THIN
LONG-DASHED DOUBLE-DOTTED LINE.

図3-23 可変領域を図示する例（ISO には明記されていない）

φ(@°▽°@)　メモメモ

可変公差領域を使う設計意図の例

　例えば、流路のような細長い穴がある部品の場合、ドリル加工時に穴が反って、穴の深部にいくに従い位置精度が悪くなることが想定できます。設計意図として、機能的に一方の位置ずれは厳しくしたいが、他方は高い精度を要求しなくてもよい場合に、可変の公差領域を使うとよいでしょう。

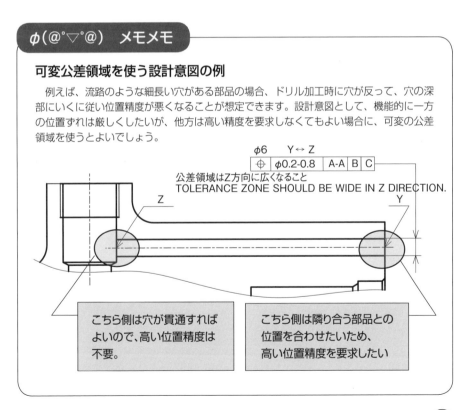

公差領域はZ方向に広くなること
TOLERANCE ZONE SHOULD BE WIDE IN Z DIRECTION.

こちら側は穴が貫通すればよいので、高い位置精度は不要。

こちら側は隣り合う部品との位置を合わせたいため、高い位置精度を要求したい

　従来のJISには、固定された公差領域内で変形の方向を表現する記号が存在していました（**図3-24**）。

　・中高を許さない ⇒ NC（Not Convex＝凸面を許さないという意味）

　・凹面を許さない ⇒ NOT CONCAVE

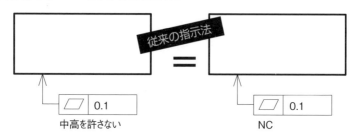

従来の指示法

中高を許さない　　　　　　　　　NC

図3-24 形状の変形方向を指示する記号

　残念なことに、ISO 1101:2017によると正式な規格から外れ、別冊の"非推奨"に登録されました。したがって、今後は注記や図示によって膨らみ方向を指示する以外に手段がなくなりました。

9) 組合せの要求

①単一形体の適用記号：SZ（Separate Zones）

幾何特性を複数の形体に適用する場合、独立の原則に従い、それぞれの公差形体への公差要求は独立した単一形体ごとに適用されます。

公差形体には、複数の単一形体に個別に適用されるという表示（例えば、隣接して「3x」で示すか、公差記入枠から3本の引出線を使用し、これらは併記しない）によって指示します。

単一領域なのか複合領域なのかあいまいな場合、オプションとして記号"SZ"を公差記入枠内に示す必要があります（**図3-25**）。

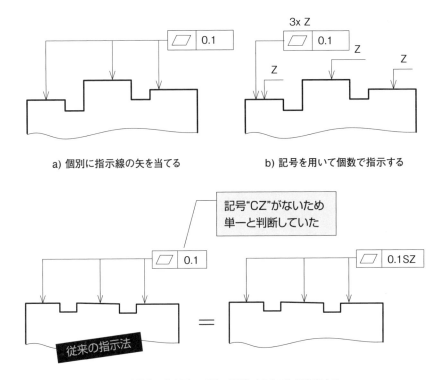

a) 個別に指示線の矢を当てる　　　b) 記号を用いて個数で指示する

c) 記号"SZ"を用いて単一形体であることを強調する

図3-25 複数の形体をそれぞれ単一形体として幾何特性を適用する指示例

②複合領域の適用記号：CZ（Combined Zone）

　1つの組み合わされた公差領域が複数の単一形体に適用される場合、または同じ公差記入枠によって拘束される複合領域が複数の単一形体に同時に適用される場合、複合領域の記号"CZ"で示す必要があります。

　従来の規格では、CZは「Common Zone」でしたが、改正によって「Combined Zone」に変更になったため、同一平面上だけでなく段差のある平面や曲面にも使えるようになりました。

　記号"CZ"を使う場合、すべての関連する個々の公差領域は、暗黙的なTEDまたは表記されたTEDによって、位置と方向が互いに拘束されます。

　段差のある面で、形体が平面の場合は、位置度を使うことができます。

　記号"CZ"は組み合わせる公差領域を意味し、記号"UF"は組み合わせる形体を意味します。したがって、それぞれの意味は明確に違いますが、結果として同義であると考えて構いません（**図3-26**）。

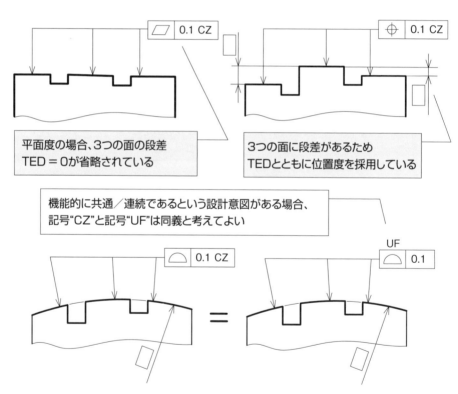

▱ 0.1 CZ

⌖ 0.1 CZ

平面度の場合、3つの面の段差
TED＝0が省略されている

3つの面に段差があるため
TEDとともに位置度を採用している

機能的に共通／連続であるという設計意図がある場合、
記号"CZ"と記号"UF"は同義と考えてよい

⌒ 0.1 CZ

＝

UF
⌒ 0.1

図3-26 複数の形体に適用する複合領域の指示例

・記号"SZ"と"CZ"の違い

　例えば4ヶ所に均等配置された溝がある場合、記号"SZ"を指定すると、溝間隔であるそれぞれの暗黙の相対角度（90°）は拘束されず、データムAに対して個別の対称度を要求するだけになります。

　この場合、位置度の代わりに対称度を使って記号"SZ"を組み合わせて指示しても同じ意味になります。

　しかし、位置度に記号"CZ"を組み合わせて指定した場合、溝間隔であるそれぞれの暗黙の相対角度（TED90°）も拘束されます（**図3-27**）。

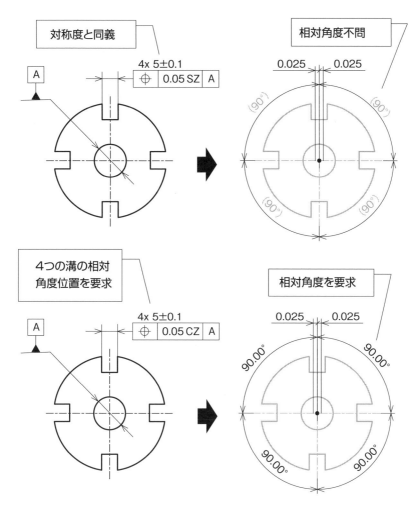

対向する2つの溝の対称度の指示

4つの溝の相対角度（90°）を個別ではなく、対向する2つの溝同士の組合せを相対角度（180°）で拘束したい場合、対称度に記号"CZ"を組み合わせて指示することが可能です。

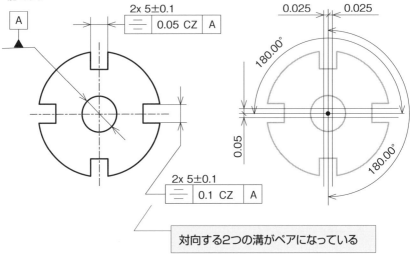

対向する2つの溝がペアになっている

記号"CZ"と"SZ"を併記する指示

公差記入枠内に記号"CZ"と"SZ"を併記することができます。
①最初のCZが□10の一体化した輪郭を、次のSZが2つの□10が個別であることを示す。

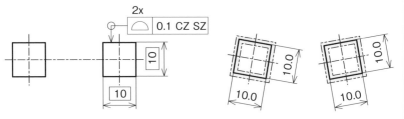

②最初のCZが□10の一体化した輪郭を、次のCZが2つの□10がセットであることを示す。

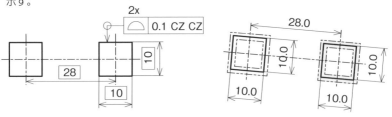

③姿勢のみ拘束する複合領域の記号：CZR（Combined Zone Rotational only）

記号"CZR"は、前述の記号"CZ"と同様に「2x」や「3x」と指示される複数の幾何公差に適用します。

例えば、分離した同一平面に平面度のみを指示した場合、分離したそれぞれの面は単独形体として公差領域内にあることを要求します。公差記入枠内に記号"SZ"を記入しても同じ解釈になります（**図3-28**）。

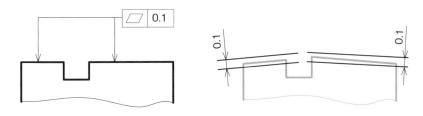

図3-28　分離した面に記号を使わず平面度だけを指示した例

分離した同一平面に、記号"CZ"を用いて平面度を指示した場合、分離したそれぞれの面は同一の公差領域内にあることを要求します（**図3-29**）。

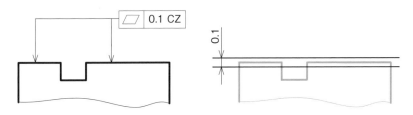

図3-29　分離した面に記号"CZ"を使って共通領域の指示をした例

分離した同一平面に、記号"CZR"を用いて平面度を指示した場合、分離した面の高さの位置は問わず、互いに平行な公差領域内にあることを要求します（**図3-30**）。

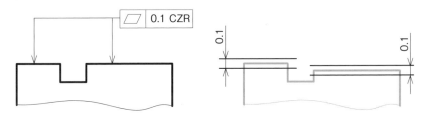

図3-30　分離した面に記号"CZR"を使って姿勢のみ拘束した例

④同時要件の記号：SIM（Simultaneous Requirement）

　複数の組み合わされた形体があるとき、記号"SIM"を公差記入枠の左右どちらかに記入することで、各幾何公差の公差領域は互いに理想的な姿勢を維持することを指示することができます。

　例えば、2つの異なるピッチ円上に配置された穴やねじの相対角度（4つのそれぞれの穴の相対角度90°と、2つのピッチ円上に配置された穴の組合せ）は、暗黙の了解の下で指示されていました（**図3-31**）。

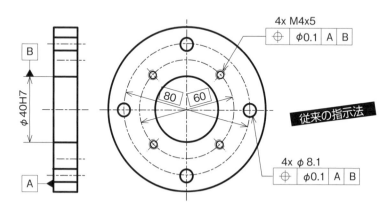

図3-31　暗黙による相対位置の指示

　ISO 5458：2018により、同じピッチ円上の穴の相対角度を表現する場合は公差領域に記号"CZ"を記入し、2つの異なるピッチ円上に配置された穴の組合せの相対角度は公差記入枠の横に記号"SIM"を記入することになりました（**図3-32**）。

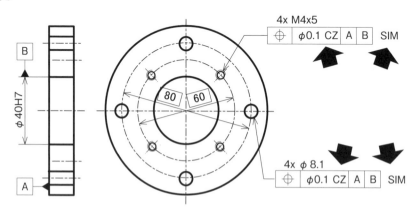

図3-32　同時要件記号を用いた相対位置の指示例

10) 公差領域のオフセット記号：UZ（Unequally Zone）

　公差領域は TEF（理論的に正確な形体）を中心に対称であることが原則ですが、記号 "UZ" を使用して公差領域の中立面をオフセットさせることで、片振り公差を指示することができます。

　記号 "UZ" は、輪郭形体のみに使うことができ、穴などの位置には使うことはできません。

　オフセットの方向と中立面の移動量は、記号 "UZ" の後ろに記入し、「+」の符号は素材の外側に移動を、「−」の符号は素材の内側に移動させることを意味します（**図3-33**）。

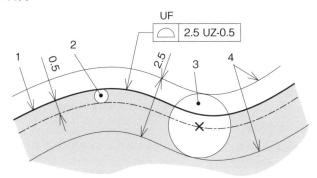

1.単一の複合的なTEF（理論的に正確な形体）※灰色部分が素材
2.理論的なオフセット形体（参照形体を定義する無数の球または円の1つ）
3.参照形体に沿って公差領域を定義する無数の球または円のうちの1つ
4.公差領域

図3-33 指定されたオフセット公差領域

平面形体に限り、面の輪郭度以外に位置度の記号と組み合わせて記号"UZ"を使うことができます（図3-34）。

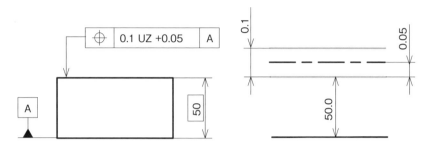

図3-34 平面形体にオフセット領域を指示した場合の例

オフセット記号"UZ"を使う場合、外側（オス）形体と内側（メス）形体で正負記号を間違えないよう注意してください。

オス/メス2つの輪郭形状を互いに嵌合したい場合、公差領域は素材の内側にばらつかせたいため、どちらも記号は「－（マイナス）」となります（図3-35）。

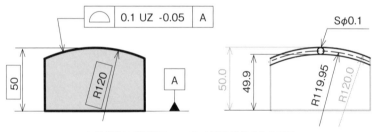

a) 外側（オス）形体にマイナス側の公差を与える例

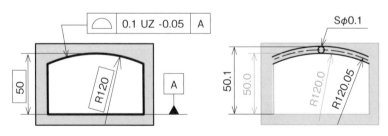

b) 内側（メス）形体にプラス側の公差を与える例

図3-35 嵌合する部品のオフセット公差領域の使い方例

φ(@°▽°@) メモメモ

ASME Y14.5の片振り公差の指示法

① ASME Y14.5の片振り公差の指示例（1）

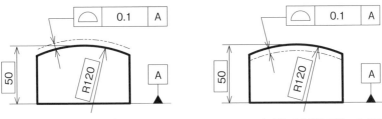

a) TEF に対して外側にばらつかせる b) TEF に対して内側にばらつかせる

② ASME Y14.5：2009の片振り公差の指示例（2）記号 "Ⓤ"
（Unilateral and Unequally Disposed Profile of a line：片振り不均等配置）

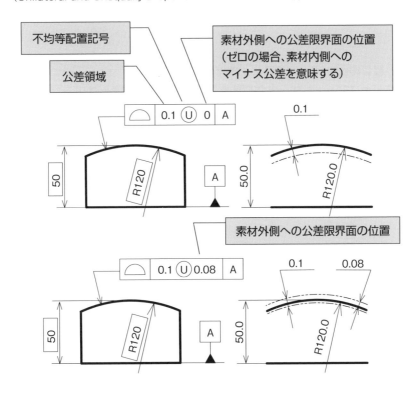

注意点：ISOのオフセット値は公差の中立面、ASMEは素材外側の公差限界面です。

11) 特性の制約要素
①任意のオフセット公差領域記号：OZ（Offset Zone）

　公差領域はTEF（理論的に正確な形状）を中心に対称ですが、任意の値だけオフセットさせてもよい場合、記号"OZ"を指示します（**図3-36**）。

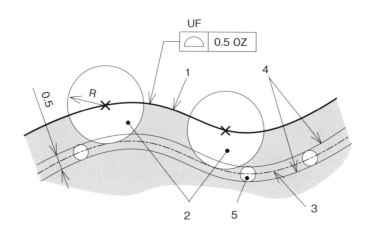

1. 単一の複合的なTEF（理論的に正確な形体）
2. 理論的なオフセット形体（参照形体を定義する無数の球または円の1つ）
3. TEFから等距離の参照形体
4. 公差領域
5. 参照形体に沿った公差領域を定義する無限の数の球または円のうち3つ
R：オフセット値が指定されない定数

図3-36 任意のオフセット公差領域

②記号"OZ"の使い方

　平面や直線であれば、平行度を使うことができますが、曲面に平行度を指示することはできません。姿勢偏差としての輪郭度を明確にする場合に、任意のオフセット領域として記号"OZ"を使うことができます（**図3-37**）。

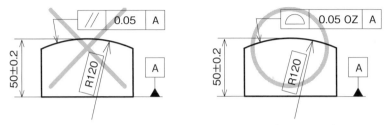

図3-37 曲面に対する姿勢の指示（面の輪郭度の場合）

　記号"OZ"の有無と、従来の「データムを必要としない形状偏差の輪郭度」や「データムを必要とする姿勢偏差の輪郭度」との解釈の違いを説明します（**表3-7**）。

表3-7 データムの有無の違い

図例		解釈
![0.05] 50±0.2 R120 ![0.05 OZ] 50±0.2 R120		公差領域は、データムを参照していないため、データムに依存しません。記号"OZ"の指示の有無に関係なく、TEF(この場合はR120 の形状)に対してのみを要求するので、姿勢や位置は問いません。
![0.05 OZ A] 50±0.2 R120 A		公差領域は、データムに対してTEF の姿勢(この場合は平行)のみを要求し、位置は問いません。

③組み合わせ公差

　記号"OZ"を使用した幾何特性は、TEF（理論的に正確な形体）に対して一定のオフセットを許容するため、より大きな公差をもつ記号"OZ"のない幾何特性と組み合わせることができます（**図3-38**）。

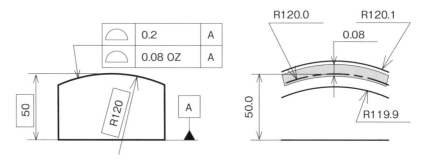

図3-38 記号"OZ"の有無を組み合わせた公差の例

　例えば平面の場合、平行度と組み合わせることで記号"OZ"と同じ効果を得ることができます（**図3-39**）。

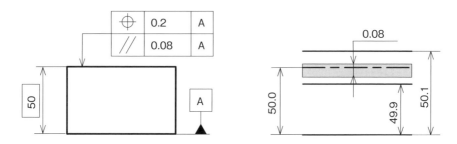

図3-39 位置度と平行度の組み合わせ公差の例

なるほど！ 平面には平行度が使えるけど、曲面には平行度が使えないので、輪郭度に記号"OZ"を組み合わせたらええんか！

④位置度公差における複合公差（JIS B 0025:1998）との違い

　JISによると、「ある形体グループを構成する形体が位置度公差方式によってそれぞれ位置付けられ、さらにそのパターンの位置も位置度公差方式によって位置付けられているときには、それぞれの要求事項は独立に満たされなければならない」と定義されています。ここで複合公差の解釈を確認しましょう。

　次の3つの図の解釈として、a）とb）の解釈は全く同じになり、c）の複合公差の下段はデータムに対して"姿勢のみ"拘束するため、前ページの記号"OZ"と同じ解釈になります（図3-40）。

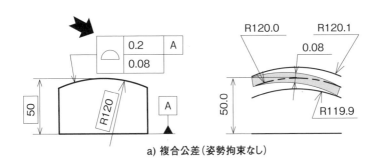

a）複合公差（姿勢拘束なし）

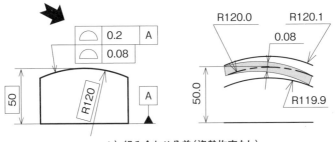

b）組み合わせ公差（姿勢拘束なし）

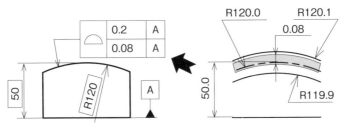

c）複合公差（姿勢拘束あり）

図3-40 複合公差と組み合わせ公差の違い

φ(@°▽°@) メモメモ

複数形体の位置度の複合公差（1）…連れ動き

　複合公差は、公差幅を緩和しつつ、要所はおさえるという使い方ができるため、設計意図を表現しやすいテクニックです。様々な複合公差の解釈を説明します。まず、下段の指示によって、4つの穴の中心線は、相対位置（TED35mmとTED20mm）に加えて、データムAに直角な領域φ0.1mmが拘束されます。

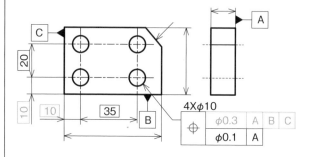
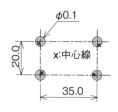

　次に上段の指示によって、表面形体であるデータムBとデータムCからの正確な位置に加えて、データムAに直角な領域φ0.3mmが拘束されます。

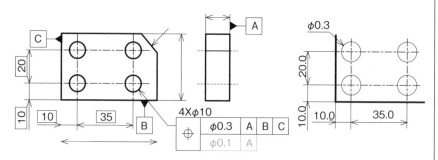

　上記の2つを組み合わせると、次のような解釈になります。

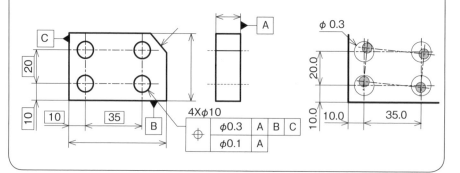

86

φ(@°▽°@)　メモメモ

複数形体の位置度の複合公差（2）…連れ動き

組み合わせ公差に変更した場合、前ページの複合公差と同じ解釈となります。

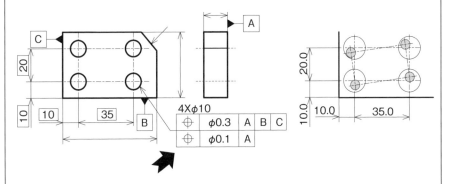

4Xφ10

⊕	φ0.3	A	B	C
⊕	φ0.1	A		

複合公差の下段にデータムBを追加した場合、下段のBは姿勢のみを拘束することになります。

したがって、4つのφ0.1公差領域のグループは、データムBに平行にのみ移動できるという解釈になります。しかし、複合公差の知識がない人から見るとデータムBの役割がわからないはずです。このようなときに姿勢拘束限定記号「＞＜」をデータムBの直後に記入すれば、解釈しやすくなります。

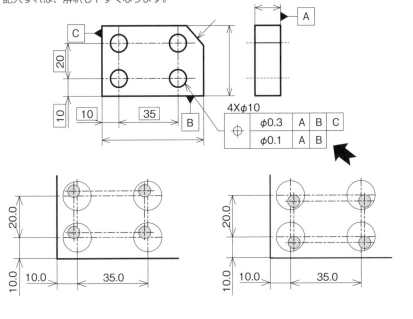

4Xφ10

⊕	φ0.3	A	B	C
	φ0.1	A	B	

複数形体の位置度の複合公差（3）…連れ動き

　例えば、4つの穴の開いた部品の場合、位置度だけで指示すると、位置度の範囲内で4つの穴が公差領域内で自由に動くことを許容してしまいます。

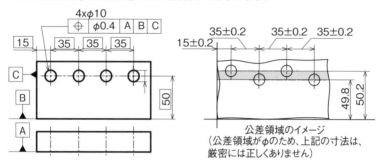

公差領域のイメージ
（公差領域がφのため、上記の寸法は、厳密には正しくありません）

　複合公差にした場合、下段だけで解釈すると、4つの穴の相対位置とデータムAに対する直角度だけを拘束します。

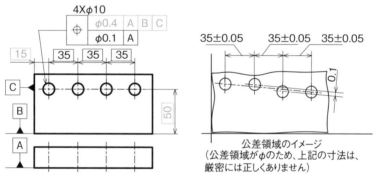

公差領域のイメージ
（公差領域がφのため、上記の寸法は、厳密には正しくありません）

　トータルの複合公差の解釈は、4つの穴の相対位置をφ0.1mm以内に守りながら、φ0.4の範囲内での連れ動きを許すものです。（下段にデータムBを追加した場合、4つの穴はBに平行に動くことになります）

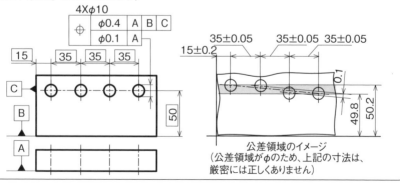

公差領域のイメージ
（公差領域がφのため、上記の寸法は、厳密には正しくありません）

⑤任意のオフセット角度公差領域記号：VA（Variable Angle）

　記号"VA"は、記号"OZ"の角度サイズ版の記号で、TEFの角度サイズは固定されず、ある条件のもとで可変にすることができると解釈すればよいでしょう。

　記号"VA"は常に線の輪郭度か面の輪郭度に対して示され、公差記入枠内に示します。

　オフセット角度公差の値には限度がないため、記号"VA"を使用した特性は、別の特性（例えば、記号"VA"を使用しない幾何特性）と組み合わせなければいけません（**図3-41**）。

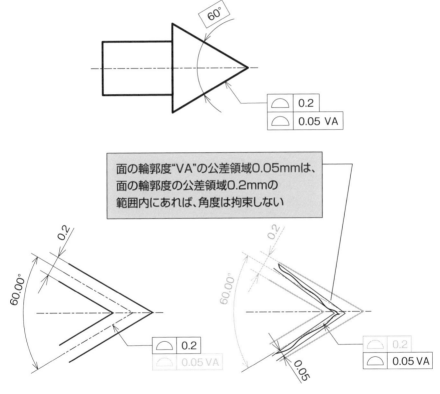

図3-41 可変角度記号"VA"の指示と解釈

適用できる公差形体のまとめ

従来のJISでは幾何特性がどのような形体（表面や中心線など）に適用できるのか明確ではありませんでした。また、ASME Y 14.5Mとも差異があり、設計現場では混乱して使われていたように思います。

今回、最新のISOの原文に掲載されている図例を見て、あるいは読み解いた結果、適用できる公差形体を下表にまとめました（**表3-7**）。

表3-7 適用できる公差形体のまとめ

幾何特性		公差形体					データム形体				
		表面形体			誘導形体		表面形体			誘導形体	
		表面	母線	エッジ	中心線／点	中心平面	表面	母線	エッジ	中心線／点	中心平面
単独形体	真直度		✓	✓	✓#		データム参照不可				
	平面度	✓				✓					
	真円度		✓	✓							
	円筒度	✓									
	線の輪郭度		✓	✓	✓#						
	面の輪郭度	✓				✓					
関連形体	平行度	✓	✓*	✓	✓#	✓	✓	✓*	✓	✓#	✓
	直角度	✓	✓*	✓	✓#	✓	✓	✓*	✓	✓#	✓
	傾斜度	✓	✓*	✓	✓#	✓	✓	✓*	✓	✓#	✓
	同軸／同心度				✓					✓	
	対称度	✓			✓	✓				✓	✓
	位置度	✓	✓*	✓	✓		✓	✓*	✓	✓	✓
	線の輪郭度		✓*	✓	✓		✓	✓*	✓	✓	✓
	面の輪郭度	✓				✓	✓	✓*	✓	✓	✓
	円周振れ		✓	✓						✓#	
	全振れ	✓		✓						✓#	

＊：「公差平面インジケーター」の指示が必要（第4章参照）　＃：中心点は対象外

第4章

あいまいさをなくす記号が追加されてん!(2)
〜ISO 1101:2017準拠〜

えぇ〜！まだ追加された記号があるん？

（ノ≧o≦）ノ ⊹゜・∵。

さらにあいまいさを排除して、検査時の一義性を確保する記号が増えているんです。

(*￣∀￣)"b" チッチッチッ

第4章	1	幾何特性に関連する 用語の整理

幾何特性の記号の領域、形体、および断面形体で使用される記号を示します（**表4-1**）。

表4-1 幾何特性に関連する用語

公差領域	1つまたは2つの理想的な直線または表面を含み、1つまたは複数の長さ寸法によって制限されたスペース。
交差平面	部品から得られた形体からなり、表面または中心平面上の一本の線や点に関連する平面。 注1) 交差平面を使用すると、投影図とは無関係に公差のある形体を定義できます。 注2) 表面に対して、交差平面を使用すると評価領域の姿勢を定義することができます。
姿勢平面	部品から得られた形体からなり、公差領域の姿勢に関連する平面。 注1) 姿勢平面を使用すると、TED（位置の場合）またはデータム（姿勢の場合）に関係なく、公差領域を制限する平面または円柱の姿勢を定義できます。姿勢平面は、公差形体が中心形体（中心点、中心線）であり、公差領域が2つの平行な直線または2つの平行な平面、あるいは中心点の場合は円筒によって定義される場合にのみ使用できます。 注2) 姿勢平面を使用すると、長方形の領域の姿勢を定義することができます。
方向形体	部品から得られた形体からなり、局所的な偏差の方向を識別する理想的な形体。 注1) 方向形体は、平面、円柱または円錐に適用します。 注2) 母線の場合、方向形体を使用すると公差領域の幅方向を変更できます。 注3) 方向形体は、指定された形状の法線の代わりに、指定された方向に公差値を適用する場合に使用します。 注4) 方向形体は、方向形体記号の2番目の区画に示されるデータムから決められます。方向形体の形状は公差形体の形状に依存します。

複合形体	単一の形体とみなす連続的または連続的でない複合表面形体。 注1) 複合形体には、誘導形体を含めることができます。 注2) 複合形体の定義は、有用な機能を除外しないように意図的に非常に広くなっています。ただし、複合形体を使用して、本質的にいくつかの分離した形体である何かを定義することはできません。例えば、2つの平行な非同軸円筒形体または2つの（それぞれ2つの平行な平面の組合せから構成される）平行な非同軸角パイプから複合形体を作成することは、意図した用途ではありません。 例1) スプラインの外径などの一連の円弧形体から定義された円筒形形体は、複合形体の使用目的に一致します。 例2) 同じ呼び径を持たない2つの完全な同軸の軸は、複合形体とは見なしません。
複合連続形体	複数の単一形体が隙間なく結合された単一形体。 注1) 複合連続形体は閉じた形体や閉じていない形体を問いません。 注2) 閉じていない複合連続形体は、記号"↔（between）"と、該当する場合は修飾記号"UF（United Feature）"を使用して定義します。 注3) 閉じた複合連続形体は、記号"○（all around）"と修飾記号"UF"を使用して定義します。この場合、収集平面に平行な任意の平面との交差部が線または点となる単一形体のセットです。 注4) 閉じた複合連続形体は、記号"◎（all over）"と修飾記号"UF"を使用して定義します。
収集平面	部品から得られた形体からなり、閉じた複合連続形体から定義される平面。 注1) 収集平面は、常に記号"○（all around）"が適用される場合に使用します。

幾何特性の記号の領域、形体、および断面形体で使用される記号を示します（**表4-2〜表4-3**）。

表4-2 様々な記号一覧(1)

記号	意味	備考
補助形体の指示記号		
◁//B	交差平面インジケーター (Intersection plane indicator)	★
◁//B	姿勢平面インジケーター (Orientation plane indicator)	★
←//B	方向形体インジケーター (Direction feature indicator)	★
○//B	収集平面インジケーター (Collection plane indicator)	★
	全周（輪郭に対して） All around (for profile)	
	全面（輪郭に対して） All over (for profile)	★
特定要素に関連する公差形体		
Ⓣ	接平面形体 (Tangent feature)	★
Ⓖ	最小二乗形体（ガウシアン） (Least squares [Gaussian] feature)	★
Ⓒ	ミニマックス形体（チェビシェフ） (Minimax [Chebyshev] feature)	★
Ⓧ	最大内接形体 (Maximum inscribed feature)	★
Ⓝ	最小外接形体 (Minimum circumscribed feature)	★

★従来のJIS B 0022:1984 やJIS B 0021:1998 には記載されていなかった記号

表4-3 様々な記号一覧(2)

記号	意味	備考
特定要素から誘導される参照形体		
C	拘束のないミニマックス形体(チェビシェフ) (Minimax [Chebyshev] feature without constraint)	★*1)
CE	拘束される実体外側のミニマックス形体(チェビシェフ) Minimax [Chebyshev] feature with external material constraint	★*1)
CI	拘束される実体内側のミニマックス形体(チェビシェフ) Minimax [Chebyshev] feature with internal material constraint	★*1)
G	拘束のない最小二乗形体(ガウシアン) Least squares [Gaussian] feature without constraint	★*1)
GE	拘束される実体外側の最小二乗形体(ガウシアン) Least squares [Gaussian] feature with external material constraint	★*1)
GI	拘束される実体内側の最小二乗形体(ガウシアン) Least squares [Gaussian] feature with internal material constraint	★*1)
N	最小外接形体 (Minimum circumscribed feature)	★*1)
X	最大内接形体 (Maximum inscribed feature)	★*1)
特定要素のパラメータ		
T	全偏差の幅 (Total range of deviations)	★*1)
P	山の高さ (Peak height)	★*1)
V	谷の深さ (Valley depth)	★*1)
Q	標準偏差 (Standard deviation)	★*1)

★従来のJIS B 0022:1984やJIS B 0021:1998には記載されていなかった記号
※1:使用頻度が低いと思われるため、本書では解説しません

オプション記号の記入法と解釈

1）幾何特性仕様の指示

　公差記入枠と同列に配置するいくつかのオプションの記号が追加されています。

　幾何特性仕様の指示は、公差記入枠、オプションの面および形体指示記号、およびオプションの隣接する表示記号から構成されます（図4-1）。

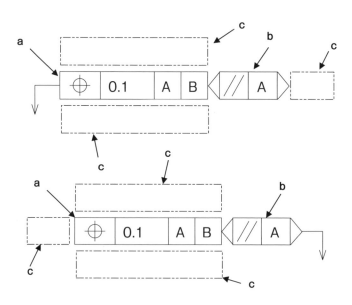

a) 公差記入枠
b) 面や形体の記号（オプション）
c) 隣接する表示記号（オプション）

図4-1 オプションのある幾何特性仕様の指示

従来の幾何公差のルールであいまいさが残っていたものを解決するための記号がオプション記号なんや！

2)各種オプション記号

①交差平面（Intersection planes）

　交差平面を使うことで公差形体が母線であることを明示します。

　ただし同じ母線指示でも、円柱や円すいの真直度や真円度、球の真円度は除きます。

　交差平面を表記することで、例えば平面上の直線、線の輪郭、形体の線の要素、全周記号を適用した場合の表面上の線の断面方向を定義する役割を果たします。

　交差平面は、データム形体が平面、円筒、回転体（円すいや輪環）に適用し、交差平面インジケーターは、左側の区画に特性を、右側の区画に参照するデータムを配置します。

　交差平面に適用できる特性は、次の4種類です（**図4-2**）。

　ただし、対称度は、交差平面上にデータムを含む場合に使用します。

図4-2 交差平面インジケーターと適用できる特性

　交差平面に適用できるデータム形体を示します（**表4-4**）。

表4-4 交差平面の適用可否

指示される データム形体	交差平面への適用			
	平行度	直角度	傾斜度	対称度
円筒や円すいの中心線		✓	✓	✓
外郭平面や中心平面	✓	✓	✓	

　交差平面インジケーターは、公差記入枠の右側に配置し、必要に応じて指示線を交差平面インジケーター側から引き出すこともできます（**図4-3**）。

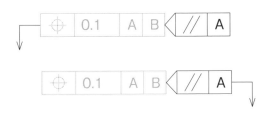

図4-3 交差平面インジケーターの記入法

　姿勢偏差（平行度・直角度・傾斜度など）は特に指示がない限り面として評価されます。しかし母線として評価したい場合、従来は記号"LE（Line Element：線の要素）"を指示していました。

　従来の記号"LE"だけでは、線分を検査する際の座標が明確に指示できなかったため、検査時の走査方向が不明確であるというあいまい性を排除できませんでした（**図4-4**）。

　そのため、ISO 1101:2017によると正式な規格から外れ、別冊の"非推奨"に登録されました。

　したがって、記号"LE"の代わりに交差平面インジケーターを使用することで公差形体が線の要素であることを示しつつ、検査時の走査方向まで明確にできるようになったのです。

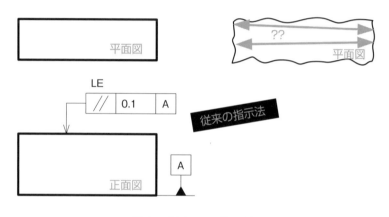

図4-4 従来のLE 指示例

公差形体がある特定方向の任意の位置の直線である場合、交差平面インジケーターによって検査対象が線であることに加えて、その姿勢（平行や直角、あるいは指定した角度）を指示します（**図4-5**）。

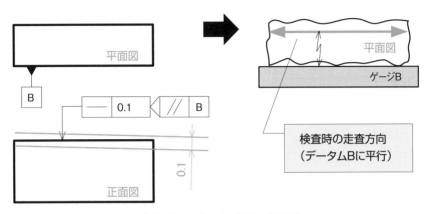

a) 交差平面が平行である場合の指示例

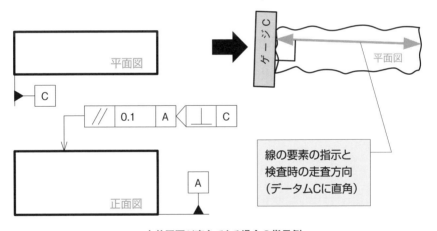

b) 交差平面が直角である場合の指示例

図4-5 線の要素を表す時の交差平面の使い方（1）

線の要素を外郭形体から指定した角度の方向で検査したい場合は、交差平面に傾斜度を指定し、加えて検査の方向を示す角度のTEDも指示します（**図4-6**）。

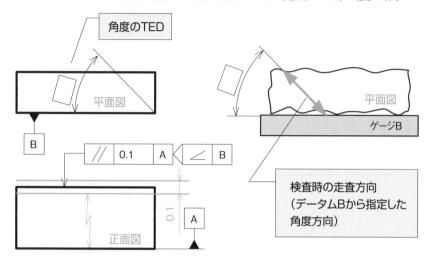

図4-6 線の要素を表す時の交差平面の使い方（2）

　データムが中心線の場合、その中心線を通る仮想の回転断面上の線分を計測する際に、交差平面に対称度を指定します（**図4-7**）。

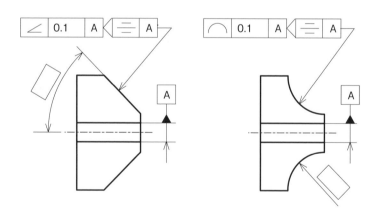

図4-7 線の要素を表す時の交差平面の使い方（3）

②姿勢平面（Orientation planes）

　姿勢平面インジケーターは、公差領域を規制する平面の方向（データムと公差記入枠内の幾何特性による）と公差領域の幅の方向（間接的に平面に直角）、または円筒公差域の軸の姿勢を拘束します。

　姿勢平面は、平面形体、円筒形体、回転体（円すいや輪環）のいずれかに適用します。

　姿勢平面は、次のような場合に指示します。
・中心点あるいは中心線が、平行二平面間、または矩形領域にある場合
・中心線が円柱の領域にある場合（公差形体が点の場合に使う）
・公差形体が部品上の他の形体から得られる姿勢の領域にある場合

　姿勢平面インジケーターは、左側の区画に特性を、右側の区画に参照するデータムを配置します。
　姿勢平面に適用できる特性は、次の3種類です（**図4-8**）。

図4-8 姿勢平面インジケーターと適用できる特性

　姿勢平面に適用できるデータム形体を示します（**表4-5**）。

表4-5 姿勢平面の適用可否

指示される データム形体	公差領域	姿勢平面		
		平行度	直角度	傾斜度
円筒や円すいの中心線	平行二平面		✓	✓
	円筒	✓	✓	✓
外郭平面や中心平面	平行二平面	✓	✓	✓
	円筒		✓	✓

姿勢平面インジケーターは、公差記入枠の右側に配置し、必要に応じて指示線を姿勢平面インジケーター側から引き出すこともできます（**図4-9**）。

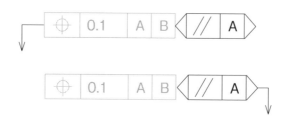

図4-9 姿勢平面インジケーターの記入法

　例えば、ある穴の中心線をデータムにして他の穴の中心線の平行度を指示する場合を考えます。

　データムが中心線1本では公差領域の座標を決めることができないため、方向を指定した平行2平面の領域で指示することはできませんでした。

　そのため公差領域は方向不定を意味する全周方向として公差値に「φ」を付けなければいけませんでした（**図4-10**）。

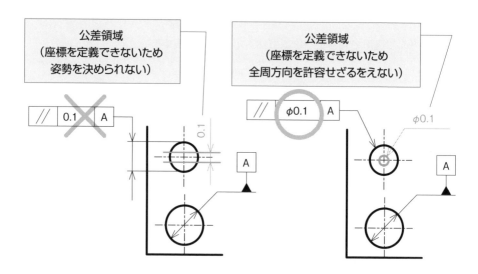

図4-10 データムが中心線1本だけの場合の制限

従来、姿勢平面が存在しなかった時代は、姿勢を決めるためのデータムを追加して寸法補助線の引き出し方向によって、暗黙的に公差領域の向きを決めていました（図4-11）。

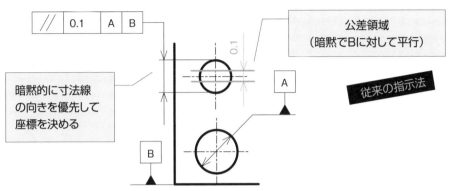

a) 設計機能的な基準面（データムB）が下面に存在する場合

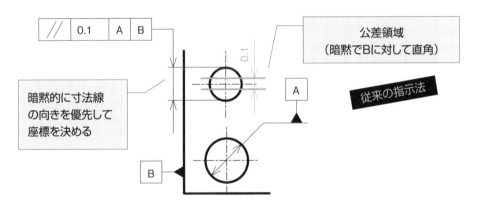

b) 設計機能的な基準面（データムB）が左側面に存在する場合

図4-11 従来の方向指定する場合の指示例（暗黙による方向指定）

・穴の中心線を指定された方向の平行二平面間の公差領域に指示する場合

　姿勢平面指示による方向は、姿勢平面インジケーターの2番目の区画に記入するデータムに対して平行、直角、または指定角度で決まります。

　姿勢平面インジケーターに姿勢偏差の記号（平行度、直角度、傾斜度）の記号を指示することで、公差領域の限界線はデータムBに対して平行あるいは直角に配置します。姿勢平面インジケーターによって公差領域の方向が明示されるため、寸法線は引き出し線として斜めに引き出しても（黒矢印部）誤解される心配はありません（図4-12）。

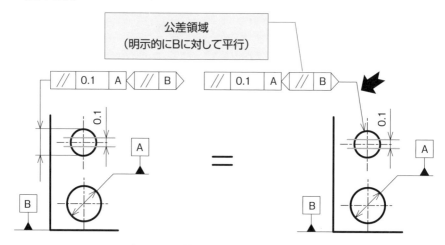

a) データムB に対して平行な公差領域にしたい場合

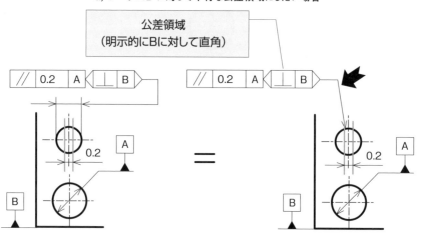

b) データムB に対して直角な公差領域にしたい

図4-12 姿勢平面インジケーターを使った場合の指示例

・穴の中心線を2つの平行二面間（矩形領域）の公差領域に指示する場合（1）

公差領域を長方形の矩形領域にしたい場合は、それぞれの方向を示す幾何特性記号を組み合わせればよいのです（**図4-13**）。

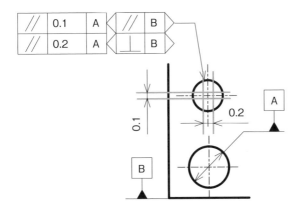

図4-13 平行度における矩形の公差領域の指示例

・穴の中心線を2つの平行二面間（矩形領域）の公差領域に指示する場合（2）

　従来は、公差領域を矩形領域にする場合、姿勢平面インジケーターがなかったため、参照するデータムからその方向を読み取る必要がありましたが、姿勢平面インジケーターを使うことで、より明確に座標を指示することができます（**図4-14**）。

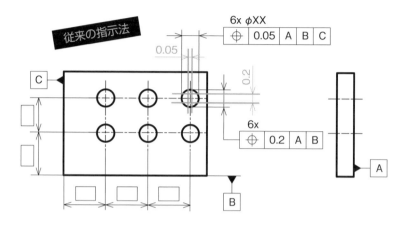

a) 従来の位置度の矩形領域の指示例

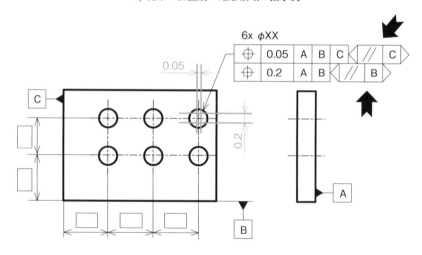

b) 姿勢平面インジケーターを使った矩形領域の指示例

図4-14 位置度における矩形の公差領域の指示例

・球の中心点を有限長さの円筒公差領域に指示する場合

　姿勢平面インジケーターを使うことで、円筒領域と平行二平面を組み合わせた有限の円筒公差領域を指定することができます（**図4-15**）。

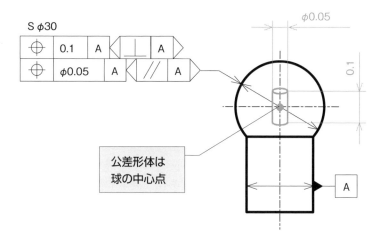

図4-15 球体に姿勢平面を使った場合の指示例

・穴の中心線を指定された角度の平行二面間の公差領域に指示する場合

　姿勢平面インジケーターに傾斜度を使う場合、データムと指定領域を角度のTEDで明示することで指定することができます（**図4-16**）。

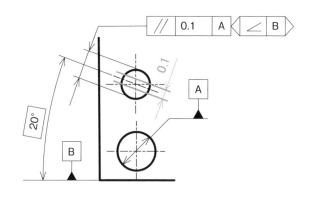

図4-16 傾斜した公差領域に姿勢平面を使った場合の指示例

・同心度の円の公差領域を明確に定義して指示する場合

姿勢平面インジケーターを使うことで、同心度の円領域を導く投影断面の姿勢を指定することができます（**図4-17**）。

※私見ですが、ここまで神経質に指示しなくてもよいのではないかと…。

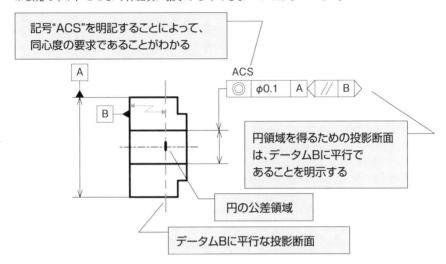

図4-17 姿勢平面インジケーターを使った同心度の円領域の指示例

・円周振れの同心2円の公差領域を明確に定義して指示する場合

姿勢平面インジケーターを使うことで、円周振れの輪環領域を導く投影断面の姿勢を指定することができます（**図4-18**）。

※私見ですが、ここまで神経質に指示しなくてもよいのではないかと…。

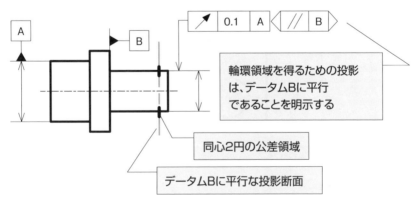

図4-18 姿勢平面インジケーターを使った円周振れの輪環領域の指示例

③方向形体（Direction feature）

　外郭の公差形体から得る公差領域の幅がTEFに対して直角でない場合に、方向形体を使用することで公差領域の幅の方向を設定することができます。

　公差域の幅の方向がTEDで示される場合にのみ、引出線の方向が公差領域の幅の方向を定義します。

　方向形体は、回転体（円すいや輪環）、円筒形体、平面形体のいずれかに適用します。

　方向形体インジケーターは、左側の区画に特性を、右側の区画に参照するデータムを配置します。

　方向形体に適用できる特性は、次の4種類です（**図4-19**）。

図4-19 方向形体インジケーターと適用できる特性

　方向形体に適用できるデータム形体を示します（**表4-6**）。

表4-6 方向形体の適用可否

指示される データム形体	交差平面への適用			
	平行度	直角度	傾斜度	円周振れ
円筒や円すいの中心線	✓	✓	✓	✓ *1)
外郭平面や中心平面	✓	✓	✓	

　　*1)円周振れは、データムとして示された公差形体自身に限って使用できます。
　　　　方向は中心線ではなく公差形体の表面によって決まります。

　方向形体インジケーターは、公差記入枠の右側に配置し、必要に応じて指示線を方向形体インジケーター側から引き出すこともできます（**図4-20**）。

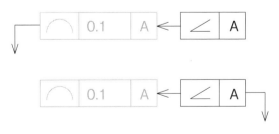

図4-20 方向形体インジケーターの記入法

第3章3項でも解説しましたが、方向形体の指示も角度のTEDの指示もない一般的な幾何特性の指示の場合、公差領域はTEFに対して直角方向になります（図4-21）。

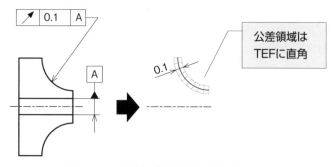

図4-21 一般的な公差領域の考え方

従来通り幾何公差の指示線に角度のTEDを指示した場合と、方向形体のインジケーターを指示した場合に違いはなく、公差領域の方向は指定した角度の方向になります（**図4-22**）。

もし角度が90°の場合でも角度のTEDは指示しなければいけません。

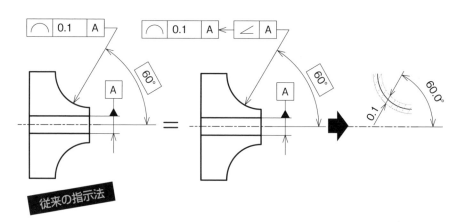

図4-22 方向を指定した公差領域の考え方

例えば、円筒軸でも球形でもないテーパなどの円筒面の真円度については、公差領域の方向を示すために方向形体を指示しなければいけません（**図4-23**）。

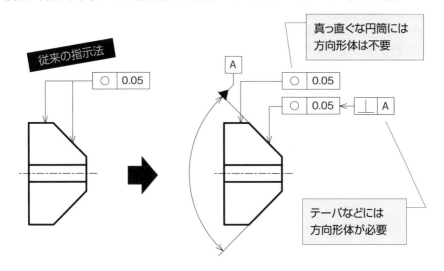

図4-23 方向形体インジケーターを指示すべき形体

方向形体に円周振れを指定した場合、公差領域はデータムＡの中心線に依存せず
テーパ表面の直角方向に依存します。

　テーパに指示した真円度の場合、公差対象となる円周線は、公差形体に直角の円
すい角をもつ公差形体と同軸の円すいと、距離 t の範囲内における中心線に直角の
断面との交差線になります（**図4-24**）。

※私見ですが、ここまで神経質に指示しなくてもよいのではないかと…。

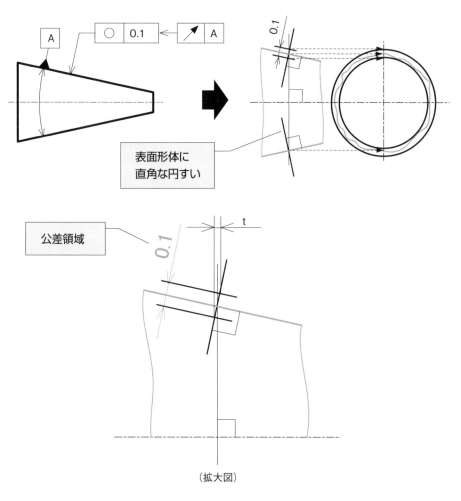

（拡大図）

図4-24 方向形体に円周振れを指定した場合の解釈例

④収集平面（Collection plane）

　「全周」記号を適用する場合、収集平面を併記します。収集平面は、「全周」で網羅される形体を指示する平行平面のグループを指示します。

　つまり、どの方向から見た輪郭線なのかを定義するために指示するものです。交差平面に使用できる同じタイプの形体を使用して、収集平面を確立することもできます。

　収集平面インジケーターは、左側の区画に特性を、右側の区画に参照するデータムを配置します。

　収集平面に適用できる特性は、平行度のみです（**図4-25**）。

図4-25 収集平面インジケーターと適用できる特性

　収集平面インジケーターは、公差記入枠の右側に配置し、必要に応じて指示線を収集平面インジケーター側から引き出すこともできます（**図4-26**）。

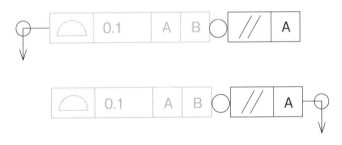

図4-26 収集平面インジケーターの記入法

従来、線の輪郭度や面の輪郭度に対して「全周」指示した場合、公差記入枠の指示線が指す投影図の面を収集平面として解釈していました（図4-27）。

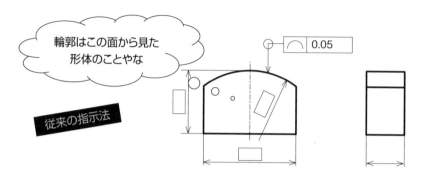

図4-27 従来の全周記号の指示例

　加えて、従来の全周記号だけの指示では、1つの複合形体（グループ化）として解釈するのか、複数の単一形体として解釈するのか不明であり、あいまいさが排除できませんでした（図4-28）。

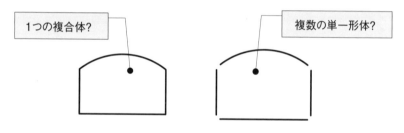

図4-28 従来の全周記号指示のあいまいさ

設計のPoint of view……分離した単一形体か複合形体かを明確にする

　線の輪郭度と面の輪郭度に対して全周記号や全面記号を使用した場合、複数の単一形体をどう評価するかによって記号を使い分けます。
　　・複数の要素を単一形体で評価する場合、"SZ"を公差記入枠内に記入する
　　・複数の要素を複合形体で評価する場合、"CZ"を公差記入枠内に記入する
　　・複数の要素を複合形体で評価する場合、"UF"を公差記入枠上に記入する
　記号"CZ"と記号"UF"は、同義ですので併記しません。
　ISOによると、上記のいずれの記号もない状態で全周記号"○"または全面記号"◎"を使うと、単一形体として認識するというルールになっています。

　　　　　　　※全周記号"○"または全面記号"◎"は後のページで解説します。

「全周」記号を使用する場合、収集平面インジケーターを併記しなければいけません。全周記号で指示する輪郭線や輪郭面は、収集平面に平行な投影面から見ることを明示します（**図4-29**）。

複合形体記号"UF"の代わりに複合領域記号"CZ"を使うこともできます。

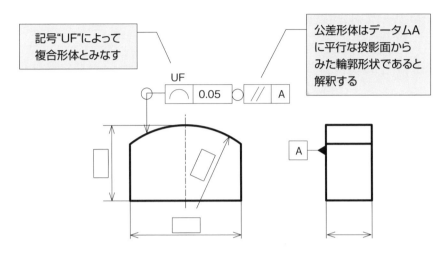

図4-29 収集平面インジケーターを用いた全周記号の指示例

複数のデータムを参照する線の輪郭度の場合、交差平面と収集平面が同じであれば収集平面インジケーターは省略することができます（図4-30）。

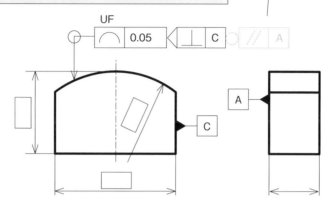

交差平面はデータムCに直角な投影面であり、データムAに対して平行と同義であるため、収集平面インジケーターは省略可です。

UF

0.05

C

A

C

図4-30 収集平面インジケーターが省略できる指示例

なるほど！
平面に真直度を指示する場合や、平行度を線の要素で指示する場合は、収集平面が交差平面と同一やから、収集平面インジケーターが省略されていると考えたらええんかー！

従来から存在する全周記号に加えて、新たに全面記号が追加されました。

どちらも単独で使うことができず補助的な記号を併用して指示しなければいけなくなりましたので、それらを確認しましょう。

a) 全周記号（All around）：○

従来からある記号ですが、図4-28で解説した分離した単一形体か複合形体かの解釈問題に加えて、まだあいまいな部分が残るのです。

たとえば、全周記号で指示した面の一部に穴が開いている場合、指示した特性が穴の内面にまで適用されるかどうかは明確ではありませんでした。

ここで収集平面記号より、左図（正面図）の奥行き方向の面が収集平面の投影面と解釈できます。その投影面に平行な任意の断面が公差形体になりますが、断面の場所によっては穴を断面にする場合としない場合があります。

このような場合に、全周指示は使用すべきではないとあります（**図4-31**）。

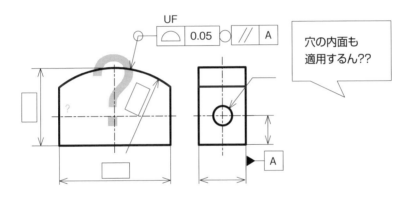

図4-31 全周記号で解釈に困る形状例

設計のPoint of view……単純形状に使うべき記号

ISOによると、全周記号や次項で説明する全面記号は、対象となる面に穴などがない単純形状に使うべき記号とあります。

しかし、ISOには明記していませんが、穴が開いている形状に指示したい場合、注記として「穴部は除く：No apply to holes」などと明記すればよいと考えます。

b)全面記号（All over）：◎

　形体6面の全面（all over）を表す記号が追加されました。この記号は、以前より ASME-Y14.5 でも使われていました。

　6つの単一形体ごとではなく1つの複合形体であることを明確にする場合は、記号"UF"を付けなければいけません（図4-32）。

　しかし、記号"UF"がないと、全周記号"○"と同様に複数の単一形体とみなすとISOにあります。もし、単一形体であることをより明確にする場合は、記号"UF"を記入せず、公差記入枠の中に記号"SZ"を記入するとよいでしょう。

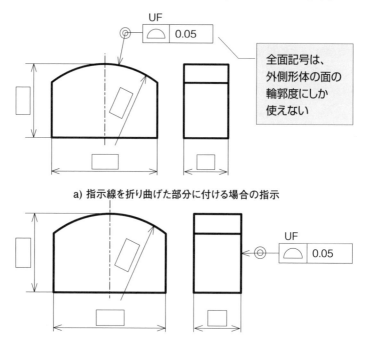

UF

0.05

全面記号は、
外側形体の面の
輪郭度にしか
使えない

a) 指示線を折り曲げた部分に付ける場合の指示

UF

0.05

b) 指示線を折り曲げない部分に付ける場合の指示

図4-32 全面記号の指示

設計の Point of view……全面記号は便利なようで便利でない？

　全面記号は大変便利な記号のように思われますが、形体全面を輪郭度で表現することによって、設計意図が不明確になるのではないかと危惧します。

　形体全面を輪郭度で表現することで、「モデリングした形状から大きく崩れないでねー」というニュアンスが強く、基準や形状の優先度という設計意図が見えなくなりますので、安易に使用すべきではないと考えます。

フィルター記号は、オプションとして使うことができます。

原則として、指定された外郭形体または誘導形体に適用し、3次元測定機を用いて定義することが前提です。

1）接平面形体のフィルター記号：Ⓣ

公差形体が実形体の外側にある接平面（Tangent）形体であることを示し、直線や平面、サイズ形体である平行2平面に使用できます（**図4-33**）。

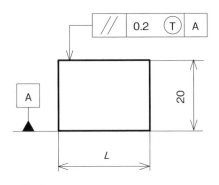
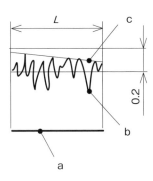

a. データムA
b. 実際の形体またはフィルター形体
c. 接平面形体（公差形体）
注）公差形体は表面ですが、説明の簡素化のために線として表示しています。

図4-33 接平面形体のフィルター記号

設計のPoint of view……実際の要求事項に応えることができる

取り付け部品の姿勢だけを要求するのであれば、接合面の平面度の悪さ、例えば表面の傷や鋳物の巣、凹みなどを無視することができることから実用的であり、結果としてコストダウンにも寄与します。

公差形体の面に別部品を接触させることを考えたら、Ⓣは実用的で設計意図を明確に表現できるええアイテムやん！

 メモメモ

H0凸外形要素

　接平面形体のフィルター①において、その実表面の形状（凹面か凸面）によって解釈に一義性が保てない場合があります。

　実表面が凹面では接平面は一定ですが、実平面が凸面では2つの接平面ができ、どちらを選択してよいのかわからなくなります。

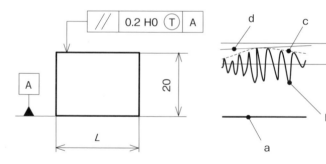

|a)実表面が凹面の場合|b)実表面が凸面の場合|

　上記のb)のように凸形体に接平面フィルターを適用する場合に、フィルター仕様要素を使うことができます。

　下図に接平面形体のフィルターがH0凸外形要素と組み合わされている例を示しています。公差形体はフィルタリングされた凸外形のL2ノルムタンジェント（二乗和平方根と同義と考えられる）であることを示しています。

a. データムA
b. 実際の形体またはフィルター形体
c. フィルタリングされた凸外形形体
d. フィルタリングされた凸外形形体への接平面形体（公差形体）

　dの公差形体は、平面データム形体においてデータムが定義されるのと同じ方法で定義されます。

　上図に示した記号「H0（エイチゼロ）」を使用する考え方は、数学的に専門性が高いため参考情報として掲載します。

2) 最小二乗法の関連形体のフィルター記号：Ⓖ

公差形体が実形体ではなく最小二乗法（Gaussian：ガウシアン）による形体であることを示し、直線や平面、円、円筒、円すい、サイズ形体である平行2平面に使用できます

①平面に指示した場合

平面の高さの位置に記号 "Ⓖ" 示した例を示します（**図4-34**）。

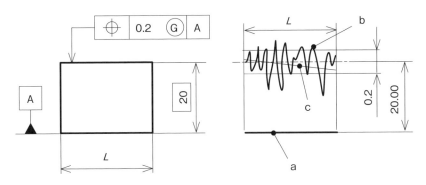

a. データムA
b. 実際の形体またはフィルター形体
c. 最小二乗法（ガウシアン）による関連形体（公差形体）
注）公差形体は表面ですが、説明の簡素化のために線として表示しています。

図4-34 最小二乗法（ガウシアン）による公差形体の図面表記と解釈（1）

②穴の位置度に指示した場合

穴の位置に記号 "Ⓖ" 示した例を示します（図4-35）。

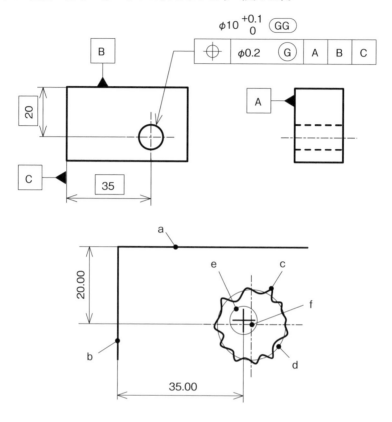

a. データム B
b. データム C
c. 実際の形体またはフィルター形体（この場合は穴）
d. 最小二乗法（ガウシアン）による関連形体（公差形体）
e. 公差領域（データム A に直角でデータム B とデータム C から TED の位置にある φ0.2 の円筒領域）
f. 公差形体（最小二乗法（ガウシアン）による関連形体 d の中心線）
注）公差形体は中心線ですが、説明の簡素化のために点として表示しています。

図4-35 最小二乗法（ガウシアン）による公差形体の図面表記と解釈（2）

3）ミニマックス法の関連形体のフィルター記号：ⓒ

　公差形体が実形体ではなくミニマックス法（chebyshev：チェビシェフ）による形体であることを示し、直線や平面、円、円筒、円すい、サイズ形体である平行2平面に使用できます

①平面に指示した場合

　平面の高さの位置に記号"ⓒ"示した例を示します（**図4-36**）。

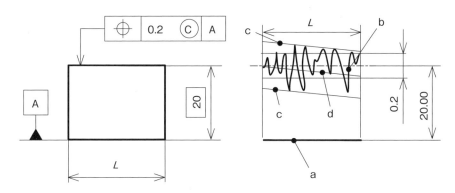

a. データムA
b. 実際の形体またはフィルター形体
c. 最小の領域で挟める平行二線　…注）ISO 原文には明記されていない
d. ミニマックス法（チェビシェフ）による関連形体（公差形体）
　　　　　（c の平均線）…注）ISO 原文には明記されていない
注）公差形体は表面ですが、説明の簡素化のために線として表示しています。

図4-36 ミニマックス法（チェビシェフ）による公差形体の図面表記と解釈

②穴に指示した場合 …注）ISO原文には明記されていない

穴の位置に記号"Ⓒ"を示した例です（図4-37）。

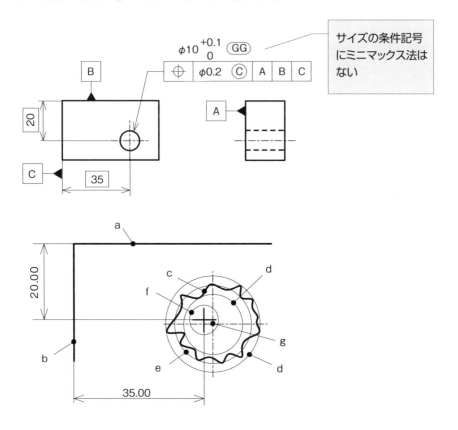

a. データムB
b. データムC
c. 実際の形体またはフィルター形体（この場合は穴）
d. 最小の領域で挟める同軸二円
e. ミニマックス法（チェビシェフ）による関連形体（公差形体）
　　　　　　（（d の最大直径+d の最小直径）÷2）
f. 公差領域（データムA に直角でデータムB とデータムC からTED の位置に
　　あるφ0.2 の円筒領域）
g. 公差形体（ミニマックス法（チェビシェフ）による関連形体e の中心線）
注) 公差形体は中心線ですが、説明の簡素化のために点として示しています。

図4-37 ミニマックス法（チェビシェフ）による公差形体の図面表記と解釈

4) 最大内接関連形体のフィルター記号：Ⓧ

公差形体が実形体ではなく最大（Max）内接形体またはその誘導形体であること
を示し、円や円筒形体、サイズ形体である平行2平面に使用できます（**図4-38**）。

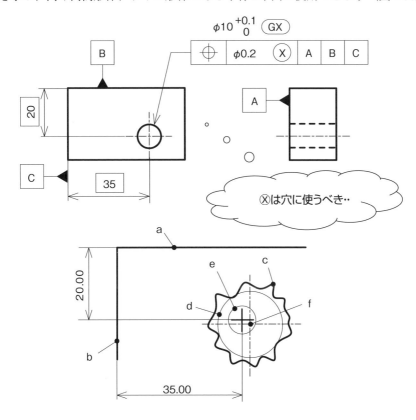

a.データムB
b.データムC
c.実際の形体またはフィルター形体（この場合は穴）
d.最大内接形体
e.公差領域（データムA に直角でデータムB とデータムC からTED の位置に
あるφ0.2 の円筒領域）
f.公差形体（最大内接形体d の中心線）
注）公差形体は中心線ですが、説明の簡素化のために点として示しています。

図4-38 最大内接による公差形体の図面表記と解釈

5) 最小外接関連形体のフィルター記号：Ⓝ

　公差形体が実形体ではなく最小（Min）外接形体またはその誘導形体であることを示し、円や円筒形体とサイズ形体である平行2平面に使用できます（**図4-39**）。

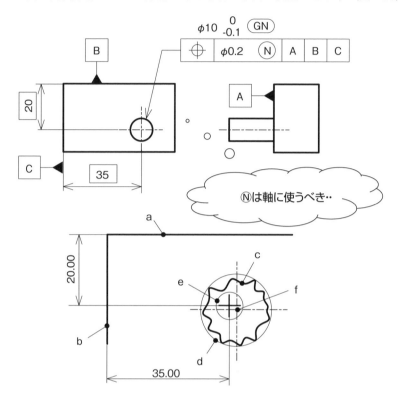

a.データムB
b.データムC
c.実際の形体またはフィルター形体（この場合は軸）
d.最小外接形体
e.公差領域（データムA に直角でデータムB とデータムC からTED の位置にあるφ0.2 の円筒領域）
f.公差形体（最小外接形体d の中心線）
注）公差形体は中心線ですが、説明の簡素化のために点として示しています。

図4-39 最小外接による公差形体の図面表記と解釈

φ(@°▽°@) メモメモ

3 次元測定機における条件記号の選択例

　ミツトヨ製のCNC 3 次元測定機の例ですが、円筒形状を測定する場合にフィルター記号に合わせた測定方法を選択できます。

①最小二乗法（ガウシアン）による測定結果を求める場合の選択画面例

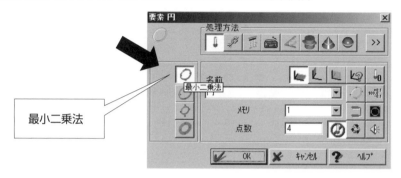

最小二乗法

②ミニマックス法（チェビシェフ）による測定結果を求める場合の選択画面例

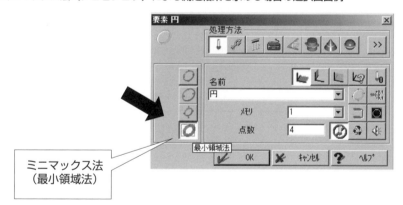

ミニマックス法
（最小領域法）

φ(@°▽°@)　メモメモ

3次元測定機における条件記号の選択例

③最小外接法による測定結果を求める場合の選択画面例

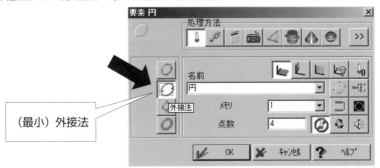

（最小）外接法

④最大内接法による測定結果を求める場合の選択画面例

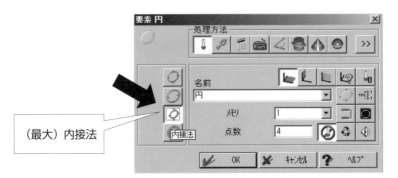

（最大）内接法

表4-7 フィルター記号ごとの適用可能な関連形体

形体の種類	Ⓣ	Ⓖ	Ⓒ	Ⓧ	Ⓝ
直線	✓	✓	✓		
平面	✓	✓	✓		
円		✓	✓	✓	✓
円筒		✓	✓	✓	✓
円すい		✓	✓		
輪環		✓	✓		
サイズ形体：平行二平面（中心平面に適用するものと考えられる）	✓	✓	✓	✓	✓

3次元測定機のメーカーや機種によって、すべてのフィルターの記号で計測できるとは限らんのんか！

自社や取引先の3次元測定機が、どのフィルター記号に対応できるのかを知ってから使うのがええで！

φ(@°▽°@) メモメモ

長さにかかわるサイズの指定条件とフィルター記号の使い分け（1）

JIS B 0420-1:2016で定義された「長さに関するサイズの指定条件」の記号は幾何公差と併用して使うべき記号です。代表的な記号に(GG)、(GN)、(GX)があります。サイズの指定条件記号と幾何特性のフィルター記号の使い分けを考えてみましょう。

①従来の指示例

直径サイズは2点間測定しなければいけないのか？また、位置度を3次元測定機で中心線を求める場合にⒼまたはⓍなのか判断できない。

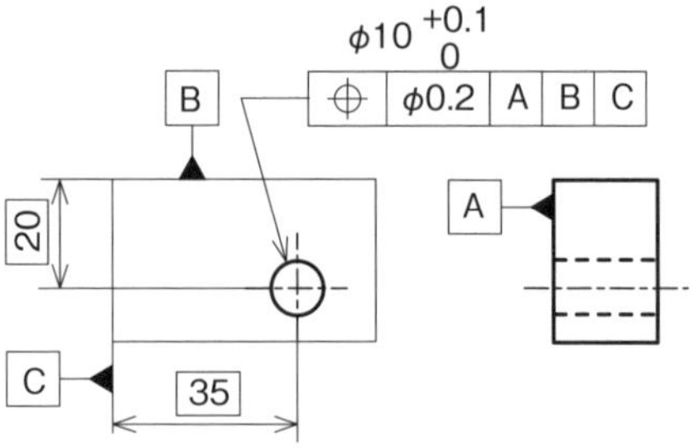

②幾何特性にのみフィルター記号

幾何特性に最大内接フィルターⓍが指示されているため、3次元測定機での測定が必須となる。その時に、直径サイズは、3次元測定機のデータを使ってもよいのか、あるいは2点間測定でもよいのか、判断できない。

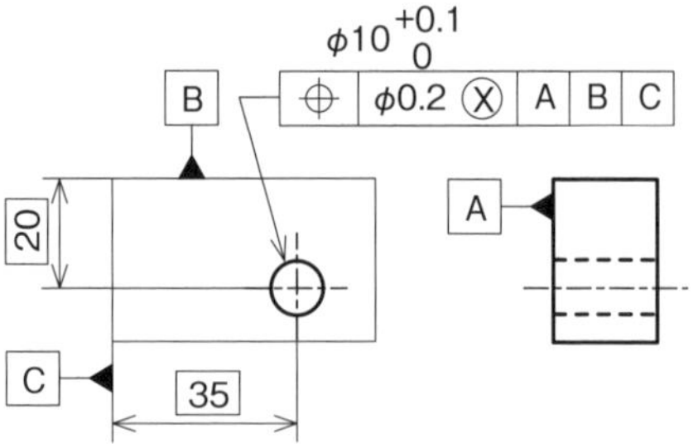

③サイズにのみ指定条件記号

直径サイズに最大内接の指定条件記号“(GX)”が付与されているため、直径サイズは3次元測定機での測定が必須となる。位置度に対してはサイズ直径を最大内接で指定したため最大内接フィルターⓍとして検査してもよいのか、ⒼまたはⓃなのか判断できない。

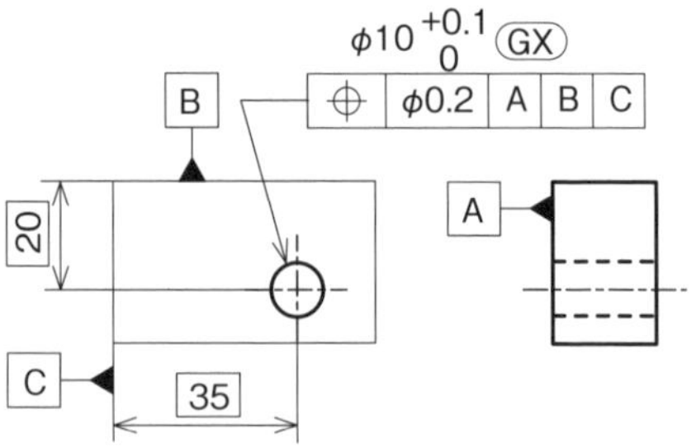

φ(@°▽°@) メモメモ

長さにかかわるサイズの指定条件とフィルター記号の使い分け（2）

新しい記号が追加されましたので、設計者の意思を明確に伝えるアイテムを得たことになります。したがって、次のようにサイズの指定条件とフィルター記号を併用することで、設計意図を検査者に伝えることができます。

①サイズ公差も幾何特性の公差形体も、最大内接円筒で統一する

最大内接を要求する設計意図として、相手部品が軸であり、かつ隙間ばめを利用して組み立てる穴への指示に適していると考えます。

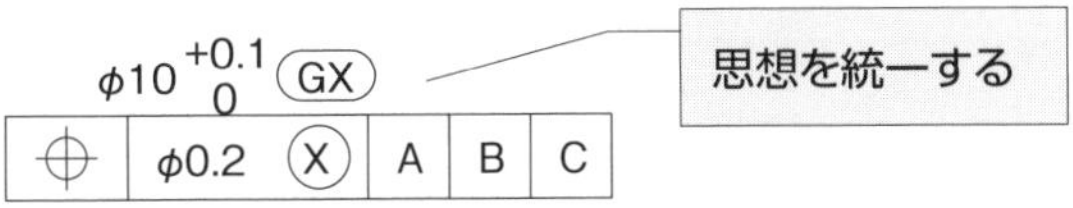

φ10 +0.1 0 (GX)
思想を統一する
⌖ | φ0.2 Ⓧ | A | B | C

②サイズ公差も幾何特性の公差形体も、最小外接円筒で統一する

最小外接を要求する設計意図として、相手部品が穴であり、かつ隙間ばめを利用して組み立てる軸への指示に適していると考えます。

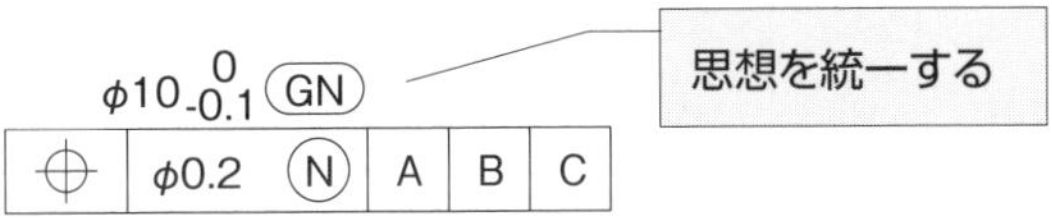

φ10 0 -0.1 (GN)
思想を統一する
⌖ | φ0.2 Ⓝ | A | B | C

③サイズ公差も幾何特性の公差形体も、ガウシアン円筒で統一する

ガウシアンを要求する設計意図として、中間ばめや圧入などのしまりばめを利用して組み立てる穴や軸への指示に適していると考えます。

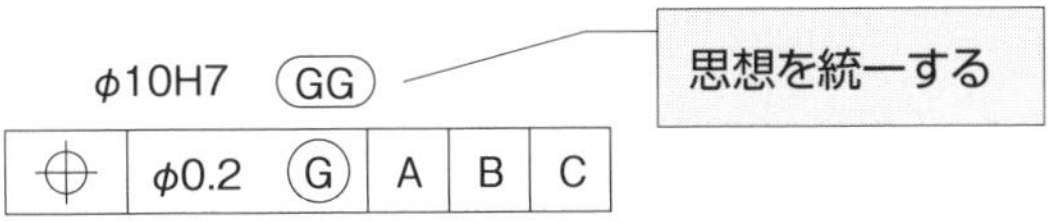

φ10H7 (GG)
思想を統一する
⌖ | φ0.2 Ⓖ | A | B | C

以上のように、3次元測定機を使って同じ形体のサイズと幾何特性を計測するのであれば、どちらも同じフィルターを使うのが一般的であると考えます。

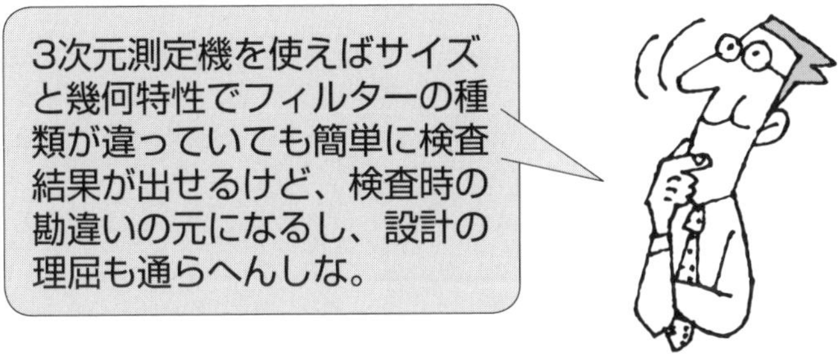

3次元測定機を使えばサイズと幾何特性でフィルターの種類が違っていても簡単に検査結果が出せるけど、検査時の勘違いの元になるし、設計の理屈も通らへんしな。

第5章

2次元図面と
3DAモデルって、
共存でけへんの!?

ほんまに2次元図面ってなくなってしまうん?

（ノ≧o≦）ノ ┼ ゜・∴。

3DAモデルですべてが解決するような風潮がありますが、そう簡単に2次元図面をなくすことは不可能と考えます。設計の本質を知ったうえで、俯瞰して業務を見直さなければいけないのではないでしょうか。

(*￣∀￣)"b" チッチッチッ

5-1 2次元図面の活用術

　ISO9001において、設計部門を中心とした業務フローは2次元図面を中心に業務が動いてきました。関連部門ごとのINPUTとOUTPUTは、いわば部門間の業務契約書といいかえることができます。その契約書は、2次元図面と技術文書（組立手順書や調整基準書など）だけに頼ってきましたが、3次元CADの登場で、2次元図面に加えて3Dモデルデータを活用することも多くなりました。

　3Dモデルの絶対的な優位性は、形状把握しやすいことに加えて、そのモデルにサイズなどの情報をもっていることです。そのため、CAM（Computer Aided Manufacturing）を活用すべき大量生産部品や複雑な形状の部品は、2次元図面に加えてオプションとして3Dモデルデータもセットにして出図する形態をとる企業が多く存在します（図5-1）。

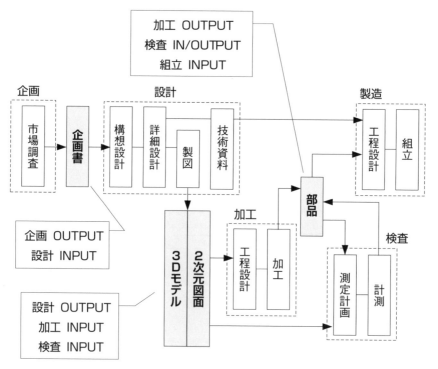

図5-1 現状の3Dモデルも併用する2次元図面主体業務フロー

部品図を2次元図面として出図する場合、図面を受け取る下流工程の担当者目線からすると、寸法指示通りに作業しづらいという課題が常に付きまといます。そのため、次のような会話は日常茶飯事です。

　「こんな所にデータムを指示されても加工基準として使えないから加工しやすい場所に変えてくれ！」

　「こんなところに公差を指示されても検査できないから検査しやすい寸法に変えてくれ！」

　また、2次元図面を単独で出図する場合のデメリットとして、加工や検査のために寸法を漏れなく記入する必要があります。

　製図作業は人間が行うものですから、寸法漏れのようなケアレスミスをなくすことは不可能といえます。もちろん、図面として寸法漏れは許されることではありません。しかし、「寸法線の整列がきれいでない」や「面取りの数を間違えている」といった製図の本質と違う部分で多くのダメ出しを受けることもあり、不毛な時間を費やすことで設計者が体力的にも精神的にも疲弊する一因になっています。

そこで、2次元図面のデメリットを解消しようとするものが、3DAモデルと呼ばれるものです。普通許容差が適用されるような重要性の低い寸法情報はモデルから得ることを前提に、重要な機能情報のみをモデルに表現することを目的として"2次元図面レス"を図るものです。

JISによると3DAモデル（3D Annotated model）とは、「3次元製品情報付加モデル」と訳され、3次元CADを用いて作成された設計モデルに、製品特性や、2次元図面に記入する情報、管理情報などを加えたモデルをいいます。

CADベンダーなどではMBD：(Model Based Development)と呼ぶことが多いようです。

JIS B 0060（デジタル製品技術文書情報）のシリーズに解説されている要素別の3DAの表示例を確認していきましょう。

①JIS B 0060-4：2017（デジタル製品技術文書情報－第4部：3DAモデルにおける表示要求事項の指示方法－寸法及び公差）

寸法やサイズ公差を記入した3DA図例を見てみましょう。なお、本図はダッソーシステムズの「SOLIDWORKS MBD」を使ってアノテーションを付与し、その後、3D-PDFに変換したビューワーの画面をスクリーンショットした例になります（図5-2）。

長さ寸法以外に角度寸法や、各種寸法補助記号、プラスマイナス公差、片振り公差、公差域クラスの記号、TEDも2次元図面と同様に記入することができます。詳細はJISを確認ください。

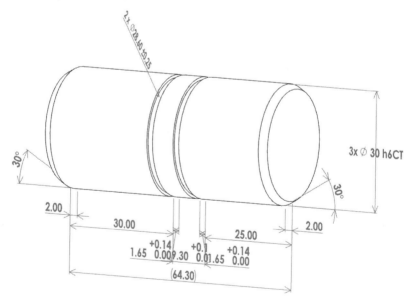

図5-2 3DAモデル（寸法記入）をビューワーで見た例

② JIS B 0060-5：2020（デジタル製品技術文書情報－第5部：3DAモデルにおける幾何公差の指示方法）

幾何公差を記入した3DA図例を見てみましょう。なお、本図もダッソーシステムズの「SOLIDWORKS MBD」を使ってアノテーションを付与し、その後、3D-PDFに変換したビューワーの画面をスクリーンショットした例になります（図5-3）。

データムの基本記号やデータムターゲット記号、ターゲットの領域の表記も2次元図面と同様に記入することができます。TEDは記入することも省略することもできますが、指示する幾何特性に対応するTEDが不明だと誤解が生じる恐れがあるため、TEDは明記する方がよいと考えます。詳細はJISを確認ください。

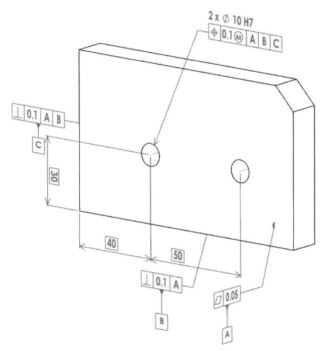

図5-3 3DAモデル（幾何公差記入）をビューワーで見た例

③ JIS B 0060-7：2020（デジタル製品技術文書情報－第7部：3DAモデルにおける表面性状の指示方法）

　表面性状を記入した3DA図例を見てみましょう。本図もダッソーシステムズの「SOLIDWORKS MBD」を使ってアノテーションを付与し、その後、3D-PDFに変換したものをスクリーンショットした例になります（図5-4）。

　この図例では、全ての面に表面性状記号を指示していますが、寸法線上あるいは幾何公差の公差記入枠上に表記することも可能です。また、筋目の記号も2次元図面と同様に記入することができます。詳細はJISを確認ください。

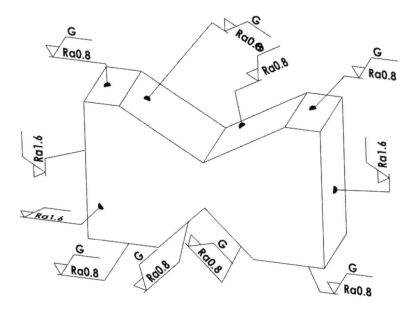

図5-4 3DAモデル（表面性状）をビューワーで見た例

3DAモデルのメリットと現時点でのデメリットをまとめてみましょう。

【メリット】
・2次元図面と3Dモデルに差異が生じることがなくなる。
・モデルからサイズ情報を得られることから、普通許容差が適用されるような一般寸法は省略することができる。
・一般寸法を省略できることから、寸法漏れなどのケアレスミスのリスクがなくなり、図面を修正する不毛な時間を削減することができる。
・表記される重要機能寸法に絞って検図できるため、"寸法漏れを探す"という作業がない分、より機能を重視した検図作業に集中できる。

【現時点でのデメリット】
・作業現場に3DAモデルを表示させるためのタブレットなどの端末の設置が必要。（紙にプリントアウトすると本末転倒である）
・長尺部品は中間部を省略できないため、機能情報が離れた位置に記入される。
・例えば鋳物部品のように、機能的な形体が内部の穴などに集中する場合、2次元図のように断面指示できないためアノテーションを付与することが困難である。
・3次元CADアプリによって、アノテーションの表現に差があったり、登録されていない記号が存在したりするなど、ISOやJISのルール通りに指示できない場合がある。
・3DAモデル作成の操作性や視認性が改善されても下流工程で使うビューワーの機能が追随できるのか不透明。
・モデルを見る方向によって、アノテーションが重なって見えたり隠れたり数値や記号が裏返って見えたりするため、情報が煩雑になり、誤認識を誘発するリスクが高くなる（図5-5）。
・2次元図面でいう表題欄の情報や注記などの文字情報まで3Dモデルの近辺に配置せざるを得ない。
・アノテーションは2次元図面に記入する情報と本質は全く同じため、加工や検査のしやすさが改善するわけではない。
・検図作業時に論理的な思考で機能寸法が記入されているかをチェックする場合や、加工工程上の確認、検査工程時の数値の仮記入などには紙面に直接記入する方が簡便であり、作業効率上、印刷した紙の存在はなくせない。

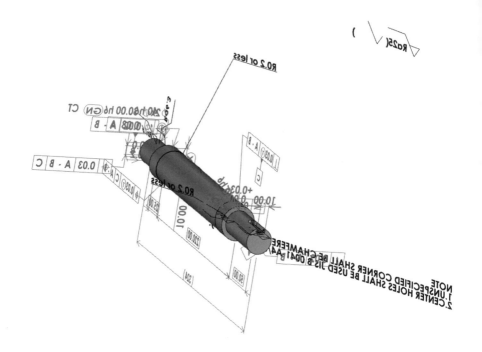

図5-5 3DA の未熟な部分（3D-PDF で見た例）

3DAモデルと機能情報のみ表記した2次元図を見比べてみましょう。その差は歴然としており、2次元図の最大のメリットは、情報を一目で確認できることです（図5-6）。

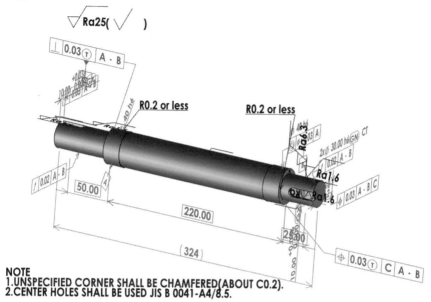

NOTE
1.UNSPECIFIED CORNER SHALL BE CHAMFERED(ABOUT C0.2).
2.CENTER HOLES SHALL BE USED JIS B 0041-A4/8.5.

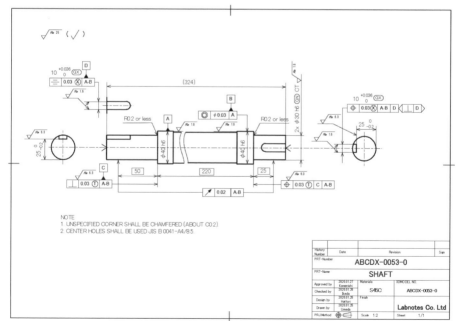

図5-6 3DA モデルと機能情報のみ表記した2次元図

3DAモデルのデメリットの解消と2次元図メリットを融合させることで業務効率が向上すると思います。例えば、2次元図面を"部品の要求仕様書（部門間の契約文書）"とみなすことも一つの手段であると考えます（**図5-7**）。

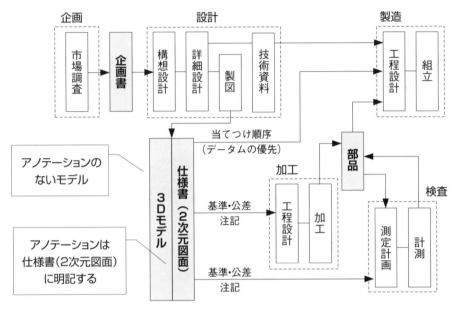

図5-7 筆者が考える仕様書（2次元図面）と3Dモデルの活用法

グローバル図面Before-After ～円筒形状の図面に 魂(設計意図)を入れる～

どないしたらグローバル図面になんねん?

(ノ≧o≦)ノ ┵゜・∴。

今後、2次元図面に要求される本質を知ったうえで、まずは円筒形状の部品をグローバル図面に描き替えてみましょう。 従来からある幾何公差のルールに従いつつ、新しい記号を実践的に使う手法を理解しながら図面を改良しましょう。

(*￣∀￣)"b" チッチッチッ

6-1 従来図面に魂(設計意図)を入れる

　日本国内で流通している従来の寸法公差図面を、2017年以降のISO規格に公開された記号を用いながら設計意図を明確に表現できるグローバル図面に描き替えてみましょう。

　第5章で説明したように、本章以降で提示する従来の寸法公差図面は設計機能的に重要な寸法のみを明示ししています。また、機能的に必要と思われる面取り形状や表面粗さ記号は省略しています。

Before-No.01

　従来の図面から、設計意図を読み解いてみましょう (**図6-1**)。

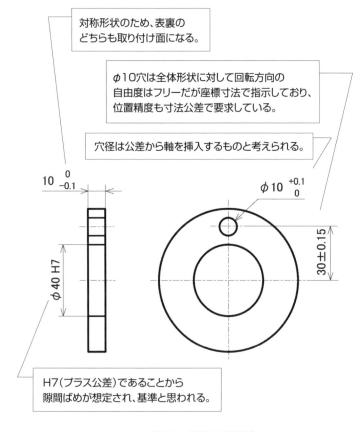

図6-1 従来の図面例

After-No.01-1　穴の中心基準から１つの穴位置を拘束する（直交座標）

設計意図が伝わるグローバル図面に変更してみましょう（図6-2）。
なお、吹き出し内の番号（❶❷…）は公差設定の思考順を示します。

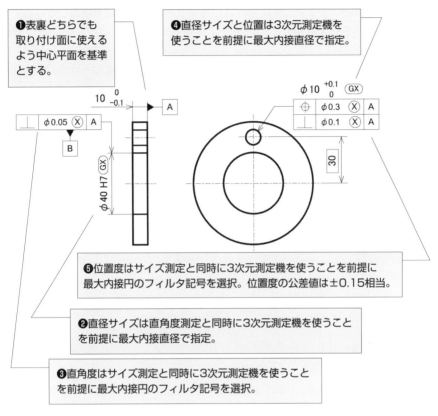

❶表裏どちらでも取り付け面に使えるよう中心平面を基準とする。

❹直径サイズと位置は3次元測定機を使うことを前提に最大内接直径で指定。

❺位置度はサイズ測定と同時に3次元測定機を使うことを前提に最大内接円のフィルタ記号を選択。位置度の公差値は±0.15相当。

❷直径サイズは直角度測定と同時に3次元測定機を使うことを前提に最大内接直径で指定。

❸直角度はサイズ測定と同時に3次元測定機を使うことを前提に最大内接円のフィルタ記号を選択。

図6-2 設計意図を明示したグローバル図面例（1）

設計の Point of view……包絡の条件記号との違い

　原則として包絡の条件記号 "Ⓔ" は「サイズを２点間距離で測定後に機能ゲージ検査、あるいは３次元測定機による検査」、サイズ公差の条件記号 "GX" と公差記入枠内のフィルタ記号 "Ⓧ" は「３次元測定機による検査」と考えればよいと思います。記号 "Ⓔ" は３次元測定機でも測定可能であることから、３次元測定機の使用が前提であればサイズ公差の条件記号 "GX" の指示と大きな違いはないと考えます。

前ページの指示は、データムＢのφ40穴とφ10穴がそれぞれ１か所ずつのため、２本の中心線を結んだ線を直交座標に当てはめればよいので問題は発生しません。

ここで、外郭形状が円形であることから回転方向の自由度がフリーとなるため、厳密には座標は存在しません。そこで「自由度フリーであることを認識しているぞ」というニュアンスを伝える場合は、TEDを半径指示に変更することもできます（**図6-3**）。

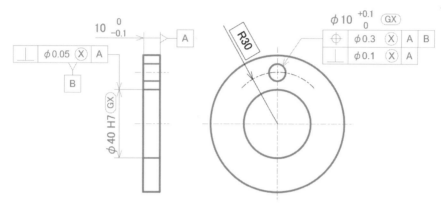

図6-3 設計意図を明示したグローバル図面例（２）

ご　注　意

　この第6章以降で解説する図面に付与した**各種公差形体のフィルタ記号**（例：Ⓣ、Ⓖ、Ⓒ、Ⓧ、Ⓝ）は、独立の原則の下、あくまでもオプション記号としての役割であるため、記入がなくても図面として誤りではありません。しかし検査担当者に設計意図を明確に伝えるという重要な役割を果たします。

　それに対して、独立の原則に従わない最大実体要求や最小実体要求（ⓂやⓁ）は、加工のばらつきを助けるコストダウンアイテムです。本書では、新ISOの記号の解説と使用方法に特化したため、コストダウンに寄与する重要なこれらの記号は割愛しました。

　唯一、第7章の図7-26で示した図面には、公差形体のフィルタ記号Ⓧに加えて最大実体要求であるⓂを併記した例を示しました。これは、図7-23で組図を明記して形体の機能から"組めればよい"という設計意図が明確であるという理由からです。

　本来あるべき図面は、以前より規格化されていた最大実体要求などを優先して適用し、加えて**本書で解説する各種公差形体のフィルタ記号など**を指示すべきという優先順位があると考えます。

　本書を読み進める読者の皆さんは、すでに混乱していると想像ができます（著者自身ですら多くの記号が増えたうえに、それぞれのルールが細かすぎて思考が追いつきません）。

　そのため、社内のローカルルールとして前提条件を決め、「このような形状の場合は、記号〜は省略する」という決め事を作り、図を簡素化すべきと考えます。

　これは、企業内の製図標準化の話になりますので、一朝一夕で決めることができない大きな課題であることを認識してください。

従来の図面から、設計意図を読み解いてみましょう（**図6-4**）。

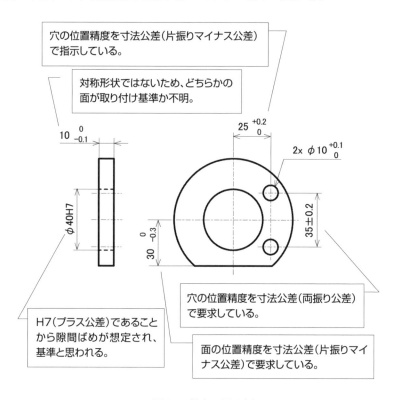

穴の位置精度を寸法公差（片振りマイナス公差）で指示している。

対称形状ではないため、どちらかの面が取り付け基準か不明。

穴の位置精度を寸法公差（両振り公差）で要求している。

H7（プラス公差）であることから隙間ばめが想定され、基準と思われる。

面の位置精度を寸法公差（片振りマイナス公差）で要求している。

図6-4 従来の図面例

設計意図が伝わるグローバル図面に変更してみましょう（**図6-5**）。

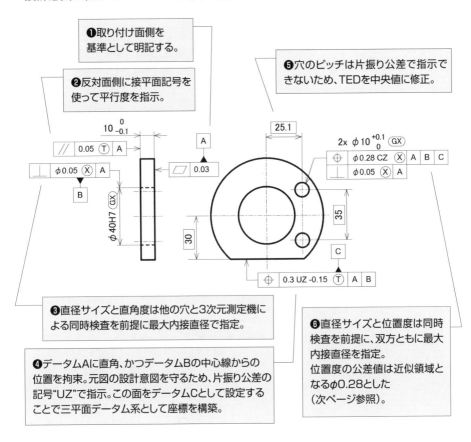

図6-5 設計意図を明示したグローバル図面例（1）

設計のPoint of view……幾何公差における片振り公差の使い方

　片振り公差の記号 "UZ" は、外郭形体に指示することは可能です。しかし、穴の中心線など誘導形体間の位置には指示することができないため、片振り公差の設計意図がある場合、TEDを中央値に修正しなければいけません。

　これは、輪郭などの外郭形状は相手部品との嵌合のために片振り公差を多用しますが、穴のピッチのような誘導形体である中心線の位置を片振り公差として設計することは少ないためです。本来は穴の位置は、「あるべき位置で設計すべし！」が原則であることがわかります。

公差領域の考え方

　従来の寸法公差指示による公差領域（あくまでもイメージ）は、矩形領域以外の選択肢がありませんでした。この矩形領域の欠点として、水平垂直方向は公差幅が公差値通りに拘束できるのですが、対角線を考えると公差幅が増えるという矛盾を含んでいます。

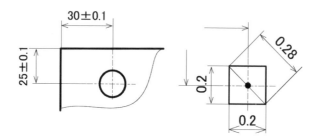

　幾何公差の公差領域は、矩形領域でも円形領域でも指示することが可能です。 このときに、設計意図として次の2つの考え方が存在します。

　公差を円形領域とする場合、公差の値を「φ0.2」とするのか、あるいは「φ0.28」とするのかは、設計意図ですから自由です。

　公差領域が広いほど歩留まりがよくなりますので、広い公差領域を選択することで、わずかですがコストダウンに貢献できる余地があります。

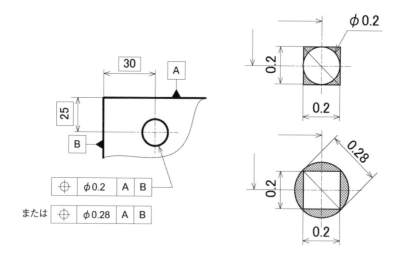

　公差が矩形領域の場合、姿勢平面インジケーターを使うことで、より座標系を認識しやすくなります（図6-6）。

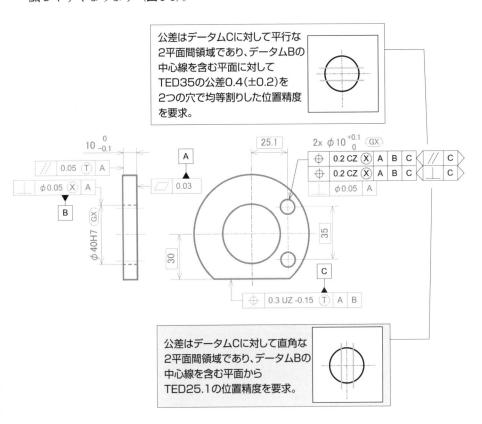

図6-6 設計意図を明示したグローバル図面例（2）

φ(@°▽°@) メモメモ

座標系の必要性

　図6-5～図6-6の場合、円筒外径部にフライスで加工する平坦部分があるおかげでX-Y座標系の基準として使うことができます。

　下図は実務の中でたまに見る図面ですが、実は計測に困る図面といえます。2つのφ10穴は投影図上のX-Y座標で位置が決まっており、製図上はCADの座標、加工上はテーブルによる座標が決まっているため問題が発生しません。

　しかし、計測時に座標がないために測定に困るのです。中心線を消してみると座標がなくなって、何を元に測ればよいのか戸惑うことがわかると思います

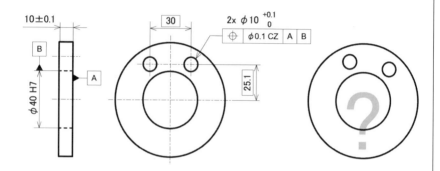

　もし、直交座標を基準にして穴を配置したい場合は、座標の基準となる穴あるいは溝を利用して、2次あるいは3次データムにすることができます。

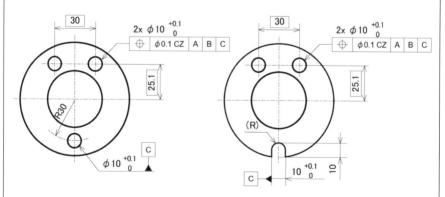

　あるいは、後のページに出てくる図6-10のように座標を使わず、ピッチ円周上に穴を配置して自由度フリーとすることで座標系をなくすことができます。

　形状設計時に座標の存在を意識することが大切です。

従来の図面から、設計意図を読み解いてみましょう（**図6-7**）。

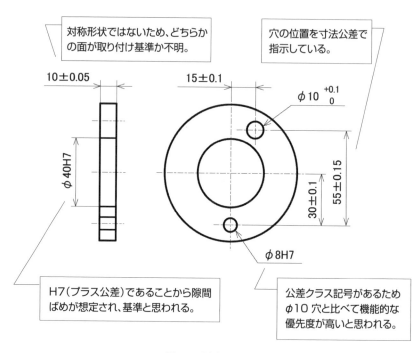

図6-7 従来の図面例

設計意図が伝わるグローバル図面に変更してみましょう（**図6-8**）

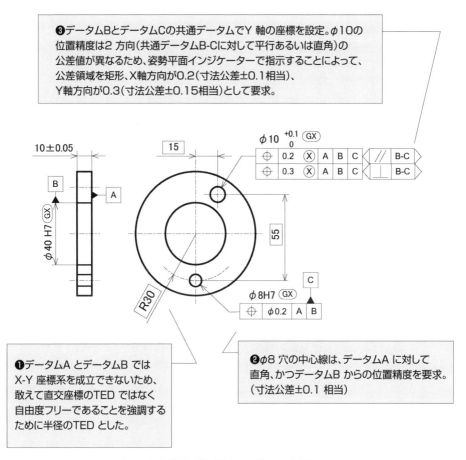

❸データムBとデータムCの共通データムでY 軸の座標を設定。φ10の位置精度は2 方向（共通データムB-Cに対して平行あるいは直角）の公差値が異なるため、姿勢平面インジケーターで指示することによって、公差領域を矩形、X軸方向が0.2（寸法公差±0.1相当）、Y軸方向が0.3（寸法公差±0.15相当）として要求。

❶データムA とデータムB では X-Y 座標系を成立できないため、敢えて直交座標のTED ではなく自由度フリーであることを強調するために半径のTED とした。

❷φ8 穴の中心線は、データムA に対して直角、かつデータムB からの位置精度を要求。（寸法公差±0.1 相当）

図6-8 設計意図を明示したグローバル図面例

設計のPoint of view……データムの組み合わせによる座標系

　2つの穴の中心線を使って座標系を作成したい場合、姿勢平面インジケーターに共通データム（上図の場合はB-C）を使うことができます。

Before-No.04

従来の図面から、設計意図を読み解いてみましょう（**図6-9**）。

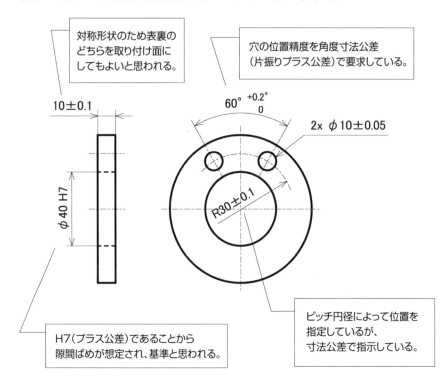

対称形状のため表裏の
どちらを取り付け面に
してもよいと思われる。

穴の位置精度を角度寸法公差
（片振りプラス公差）で要求している。

10±0.1

60° +0.2°
0

2x φ10±0.05

φ40 H7

R30±0.1

H7（プラス公差）であることから
隙間ばめが想定され、基準と思われる。

ピッチ円径によって位置を
指定しているが、
寸法公差で指示している。

図6-9 従来の図面例

設計意図が伝わるグローバル図面に変更してみましょう（**図6-10**）。

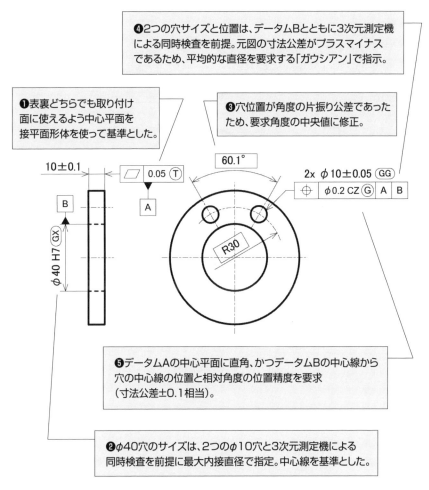

❹2つの穴サイズと位置は、データムBとともに3次元測定機による同時検査を前提。元図の寸法公差がプラスマイナスであるため、平均的な直径を要求する「ガウシアン」で指示。

❶表裏どちらでも取り付け面に使えるよう中心平面を接平面形体を使って基準とした。

❸穴位置が角度の片振り公差であったため、要求角度の中央値に修正。

10±0.1

▱ 0.05 T

A

B

60.1°

2x φ10±0.05 GG

⊕ φ0.2 CZ G A B

φ40 H7 GX

R30

❺データムAの中心平面に直角、かつデータムBの中心線から穴の中心線の位置と相対角度の位置精度を要求（寸法公差±0.1相当）。

❷φ40穴のサイズは、2つのφ10穴と3次元測定機による同時検査を前提に最大内接直径で指定。中心線を基準とした。

図6-10 設計意図を明示したグローバル図面例

設計の Point of view……角度公差の領域

　上記の❺において、角度のばらつき分は正確に検討しておらず、公差領域 φ 0.2 との整合性は無視しています。

　角度の寸法公差を幾何公差の領域に変換して同じ領域を確保する場合、後のページで解説する図6-13～図6-14を参照してください。

従来の図面から、設計意図を読み解いてみましょう（**図6-11**）。

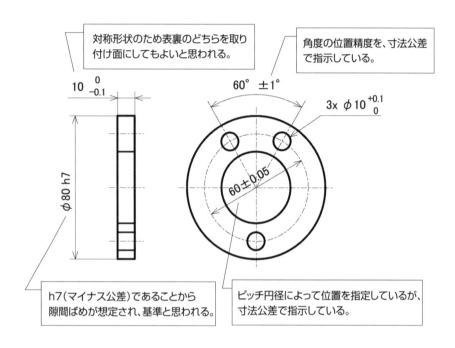

対称形状のため表裏のどちらを取り付け面にしてもよいと思われる。

角度の位置精度を、寸法公差で指示している。

h7（マイナス公差）であることから隙間ばめが想定され、基準と思われる。

ピッチ円径によって位置を指定しているが、寸法公差で指示している。

図6-11 従来の図面例

設計意図が伝わるグローバル図面に変更してみましょう（**図6-12**）。

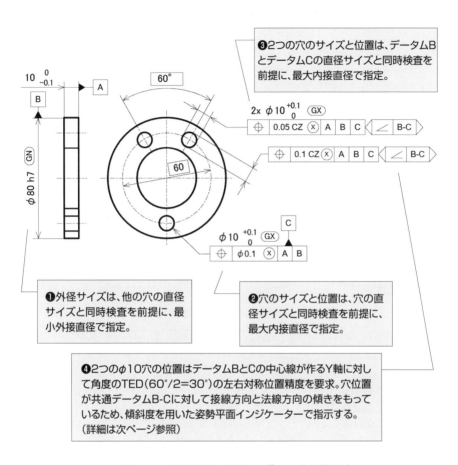

❸2つの穴のサイズと位置は、データムB
とデータムCの直径サイズと同時検査を
前提に、最大内接直径で指定。

❶外径サイズは、他の穴の直径
サイズと同時検査を前提に、最
小外接直径で指定。

❷穴のサイズと位置は、穴の直
径サイズと同時検査を前提に、
最大内接直径で指定。

❹2つのφ10穴の位置はデータムBとCの中心線が作るY軸に対し
て角度のTED（60°/2＝30°）の左右対称位置精度を要求。穴位置
が共通データムB-Cに対して接線方向と法線方向の傾きをもって
いるため、傾斜度を用いた姿勢平面インジケーターで指示する。
（詳細は次ページ参照）

図6-12 設計意図を明示したグローバル図面例

　図6-11に示した従来の寸法公差図面から、設計者が意図した公差領域のイメージを確認してみましょう（**図6-13**）。

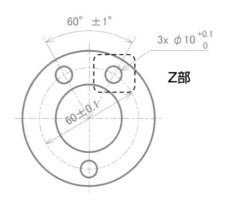

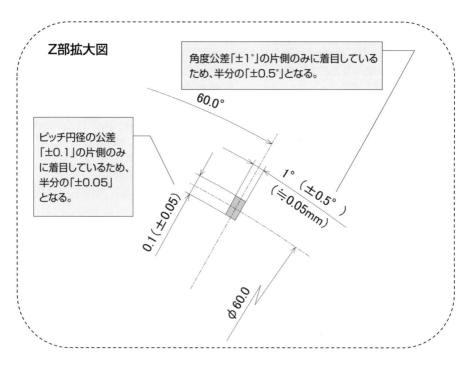

図6-13 従来の寸法公差図面の公差領域のイメージ

前ページで図解したように、寸法公差指示の領域は厳密には扇形になります。しかし幾何公差の領域指示で、扇形領域を簡潔に指示することは図が煩雑になるため、近似的に考えることとします。

　共通データムB-Cの作る面に対して30°傾斜した中心平面に対して、法線方向が0.1mm、ピッチ円の接線方向が0.05mmの矩形領域として近似しました（**図6-14**）。

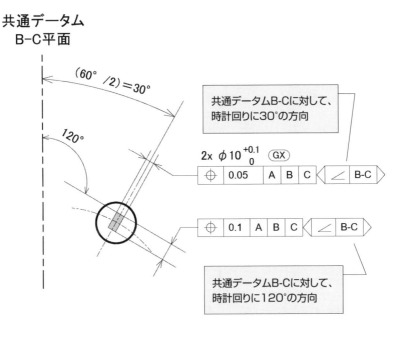

図6-14 姿勢平面インジケーターを利用した矩形の公差領域の指示例

設計の Point of view……傾斜度を使った姿勢平面インジケーターの指示

　姿勢平面インジケーターで、平行度や直角度を指示する場合、データムに対する姿勢は明確です。しかし傾斜度の場合、データムに対する向きの判別ができません。そのため、上図のように公差領域の座標が判別できるように、寸法線の引き出し方向を明確に分ける必要があります。

従来の図面から、設計意図を読み解いてみましょう（**図6-15**）。

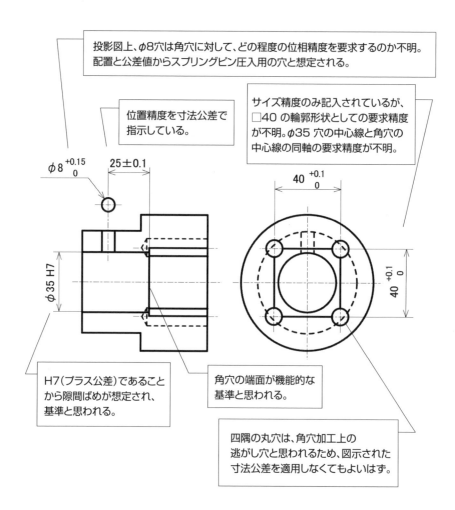

投影図上、φ8穴は角穴に対して、どの程度の位相精度を要求するのか不明。
配置と公差値からスプリングピン圧入用の穴と想定される。

位置精度を寸法公差で
指示している。

サイズ精度のみ記入されているが、
□40 の輪郭形状としての要求精度
が不明。φ35 穴の中心線と角穴の
中心線の同軸の要求精度が不明。

H7（プラス公差）であること
から隙間ばめが想定され、
基準と思われる。

角穴の端面が機能的な
基準と思われる。

四隅の丸穴は、角穴加工上の
逃がし穴と思われるため、図示された
寸法公差を適用しなくてもよいはず。

図6-15 従来の図面例

角穴の形状と穴位置を拘束する（位相精度が不問の例）

設計意図が伝わるグローバル図面に変更してみましょう（図6-16）。

まずは、□40穴とφ8の位相は重要ではないという前提の図面表記を確認します。

※英文注記例はISOに明記されていないため、筆者訳は参考情報扱いとします。

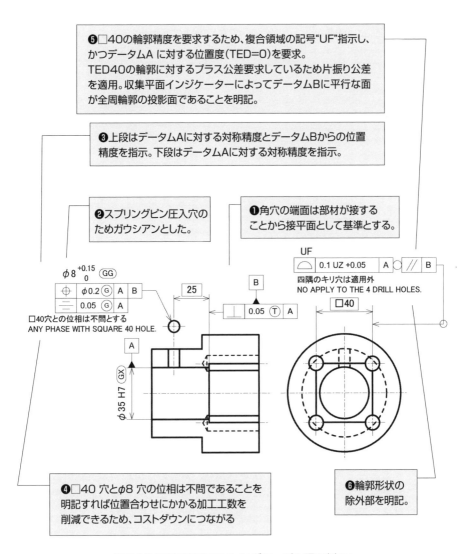

> ❺□40の輪郭精度を要求するため、複合領域の記号"UF"指示し、かつデータムA に対する位置度（TED=0）を要求。
> TED40の輪郭に対するプラス公差要求しているため片振り公差を適用。収集平面インジケーターによってデータムBに平行な面が全周輪郭の投影面であることを明記。

> ❸上段はデータムAに対する対称精度とデータムBからの位置精度を指示。下段はデータムAに対する対称精度を指示。

> ❷スプリングピン圧入穴のためガウシアンとした。

> ❶角穴の端面は部材が接することから接平面として基準とする。

UF

四隅のキリ穴は適用外
NO APPLY TO THE 4 DRILL HOLES.

φ8 $^{+0.15}_{0}$ (GG)

□40穴との位相は不問とする
ANY PHASE WITH SQUARE 40 HOLE.

□40

φ35 H7 (GX)

> ❹□40 穴とφ8 穴の位相は不問であることを明記すれば位置合わせにかかる加工工数を削減できるため、コストダウンにつながる

> ❻輪郭形状の除外部を明記。

図6-16 設計意図を明示したグローバル図面例(1)

角穴の形状と穴位置を拘束する（位相精度を要求する例）

　□40穴に対する φ8の位相も保証したい場合、輪郭形状をデータムにして次のように図示することができます（**図6-17**）。

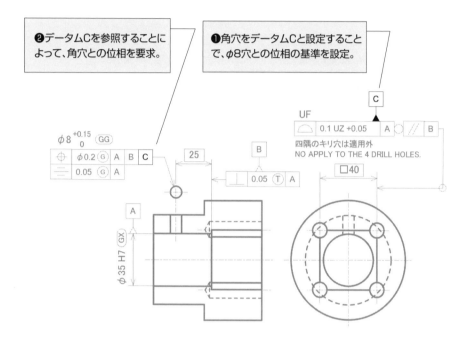

図6-17 設計意図を明示したグローバル図面例(2)

設計の Point of view……位相に関して無頓着な設計者

　形状設計しやすいという理由で、2つ以上の形体は、位相を0°あるいは90°の位置で設計することが多くなります。しかしそれらの形体の位相をどの程度要求するのかを指示していない図面がほとんどではないでしょうか。

　位相の精度に関する指示がないと、加工者によっては精度が出るように時間をかけて調整することで無駄にコストが掛かったり、あるいは位相の精度を気にせず加工することで組立不良が生じたりすることもよくあります。複数の形体の位相の要求精度は見落としがちになりますので、図面で意思表示するように留意しましょう。

MEMO

従来の図面から、設計意図を読み解いてみましょう（**図6-18**）。

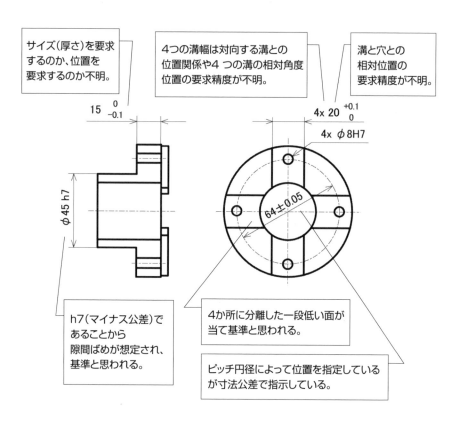

サイズ（厚さ）を要求するのか、位置を要求するのか不明。

4つの溝幅は対向する溝との位置関係や4つの溝の相対角度位置の要求精度が不明。

溝と穴との相対位置の要求精度が不明。

h7（マイナス公差）であることから隙間ばめが想定され、基準と思われる。

4か所に分離した一段低い面が当て基準と思われる。

ピッチ円径によって位置を指定しているが寸法公差で指示している。

図6-18 従来の図面例

　　放射状の溝と穴位置を拘束する

　設計意図が伝わるグローバル図面に変更してみましょう（**図6-19**）。

　4つの溝のパターンと4つの穴のパターンの相対位置を要求するため、同時要求記号"SIM"を使って指示することで図面が簡略化できます。

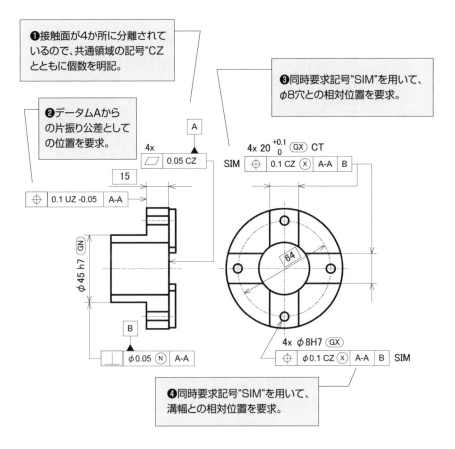

❶接触面が4か所に分離されているので、共通領域の記号"CZ"とともに個数を明記。

❸同時要求記号"SIM"を用いて、φ8穴との相対位置を要求。

❷データムAからの片振り公差としての位置を要求。

❹同時要求記号"SIM"を用いて、溝幅との相対位置を要求。

図6-19 設計意図を明示したグローバル図面例

設計のPoint of view……複数の記号SIMの見分け方

　上図のように、組み合わせるパターンが1種類の場合、記号"SIM"に通番を付ける必要はありません。もし組み合わせるパターンが複数種存在する場合、どこに対応するのかが判別できるよう記号に通番を付けることができます（例：SIM1、SIM2…）。

After-No.08　分割された2部品からなる放射状の溝位置を拘束する

　半割りの部品を組合せて機能を出さなければいけない場合、2部品を組んだ状態で「合わせ加工」によって精度を出す場合があります（**図6-20**）。

　※2部品を組合すのに必要な形状は省略しています。

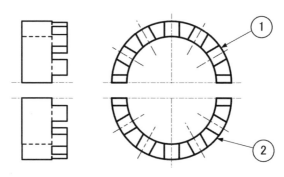

図6-20 半割り部品を分解した状態

設計意図が伝わるグローバル図面の例を確認しましょう（**図6-21**）。

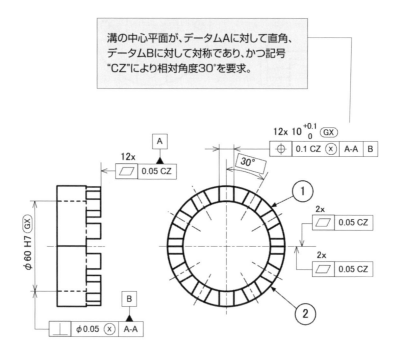

図6-21 設計意図を明示したグローバル図面例

After-No.09-1　円周上の複数の個別の小径穴の位置のみを拘束する

設計意図が伝わるグローバル図面を確認しましょう（図6-22）。

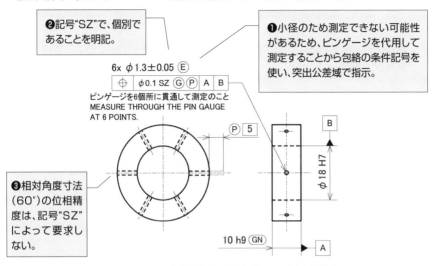

❷記号"SZ"で、個別であることを明記。

❶小径のため測定できない可能性があるため、ピンゲージを代用して測定することから包絡の条件記号を使い、突出公差域で指示。

6x φ1.3±0.05 Ⓔ

⊕ φ0.1 SZ Ⓖ Ⓟ A B

ピンゲージを6個所に貫通して測定のこと
MEASURE THROUGH THE PIN GAUGE
AT 6 POINTS.

Ⓟ 5

B

φ18 H7

❸相対角度寸法（60°）の位相精度は、記号"SZ"によって要求しない。

10 h9 ⒼⓃ

A

図6-22 設計意図を明示したグローバル図面例

After-No.09-2　対向する穴位置との相対関係も拘束する

設計意図が伝わるグローバル図面を確認しましょう（図6-23）。

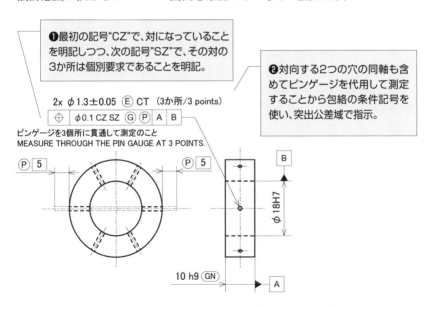

❶最初の記号"CZ"で、対になっていることを明記しつつ、次の記号"SZ"で、その対の3か所は個別要求であることを明記。

❷対向する2つの穴の同軸も含めてピンゲージを代用して測定することから包絡の条件記号を使い、突出公差域で指示。

2x φ1.3±0.05 Ⓔ CT （3か所/3 points）

⊕ φ0.1 CZ SZ Ⓖ Ⓟ A B

ピンゲージを3個所に貫通して測定のこと
MEASURE THROUGH THE PIN GAUGE AT 3 POINTS.

Ⓟ 5　　Ⓟ 5

B

φ18H7

10 h9 ⒼⓃ

A

図6-23 設計意図を明示したグローバル図面例

設計意図が伝わるグローバル図面を確認しましょう（**図6-24**）。

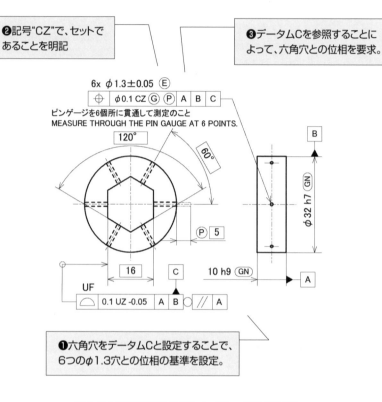

❷記号"CZ"で、セットで
あることを明記

❸データムCを参照することに
よって、六角穴との位相を要求。

6x φ1.3±0.05 Ⓔ

⊕ φ0.1 CZ Ⓖ Ⓟ A B C

ピンゲージを6個所に貫通して測定のこと
MEASURE THROUGH THE PIN GAUGE AT 6 POINTS.

120°

60°

B

φ32 h7 Ⓖ N

Ⓟ 5

16

C

10 h9 Ⓖ N

A

UF

⌒ 0.1 UZ -0.05 A B ◯ ∥ A

❶六角穴をデータムCと設定することで、
6つのφ1.3穴との位相の基準を設定。

図6-24 設計意図を明示したグローバル図面例

After-No.11　**複雑な形状の溝の輪郭と位置を拘束する**

設計意図が伝わるグローバル図面を確認しましょう（**図6-25**）。

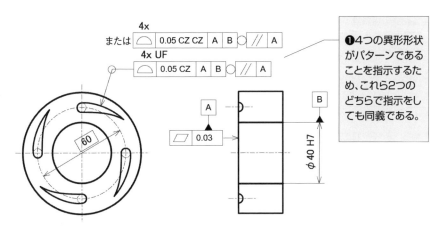

注記　輪郭のTEDはCADデータによる。（MODEL No.xxxxxx）
NOTE　TEDS OF THE PROFILE ARE EXTRACTED FROM THE CAD DATA.（MODEL No.xxxxxx）

❶4つの異形形状がパターンであることを指示するため、これら2つのどちらで指示をしても同義である。

❷TEDで表現できない複雑な輪郭形状の場合、3Dモデルの基準形状をTEDの代わりに指定することができる。

※上側の輪郭度:
　1つ目のCZが異形形状、2つ目のCZが4つのパターンを示す。
　下側の輪郭度:
　UFが異形形状、CZが4つのパターンを示す。

図6-25 設計意図を明示したグローバル図面例

After-No.12-1 　振れと個別にキー溝を拘束する（キー溝の位相が不問）

設計意図が伝わるグローバル図面を確認しましょう（**図6-26**）。

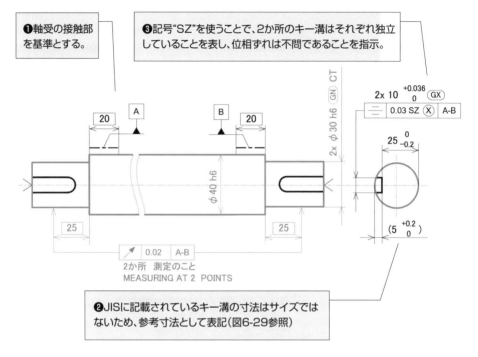

❶軸受の接触部を基準とする。

❸記号"SZ"を使うことで、2か所のキー溝はそれぞれ独立していることを表し、位相ずれは不問であることを指示。

❷JISに記載されているキー溝の寸法はサイズではないため、参考寸法として表記（図6-29参照）

図6-26 設計意図を明示したグローバル図面例（1）

172

設計意図が伝わるグローバル図面を確認しましょう（**図6-27**）。

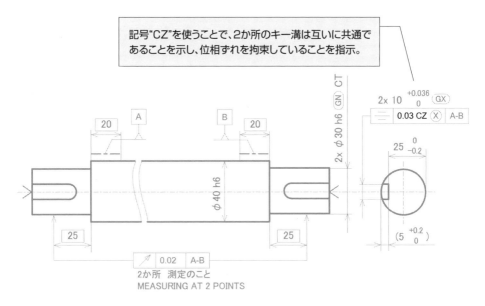

記号"CZ"を使うことで、2か所のキー溝は互いに共通であることを示し、位相ずれを拘束していることを指示。

図6-27 設計意図を明示したグローバル図面例（2）

記号 "CZ" と" SZ" の違いが、
複数のキー溝の位相として
考えたら、よ～わかったわ！

　左右にあるキー溝が、角度のTED 90°位相を要求する場合の指示例を確認しましょう（**図6-28**）。

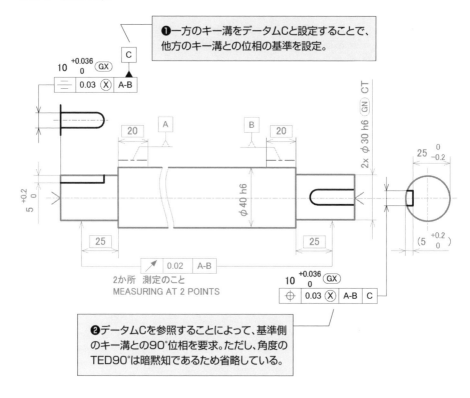

図6-28 設計意図を明示したグローバル図面例（3）

　前ページでキー溝の同位相のパターン、このページでキー溝の直角位相のパターンの指示法を知りました。例えば位相が45°のような任意の角度の場合、どう指示すればよいのでしょうか？

　任意の角度の場合は、角度のTEDに加えて姿勢平面インジケーターに傾斜度の記号を用いればよいのです。

　第1章で、サイズかサイズでないかの判断基準を解説しました。

　例えば、キー溝の場合、a)のような寸法がJISに記載されています。溝幅はサイズなので問題ありませんが、溝深さは対向する面が存在しないためサイズではありません。厳密にいうと溝深さで指示する場合は、位置度で指示する必要がありますが、位置度を使うと無意味に図が煩雑になる恐れがあります。

　そこで、2点間距離の寸法「25」に公差も含めて書き換えることでサイズに変更すれば、寸法指示が簡素化されます（**図6-29**）。

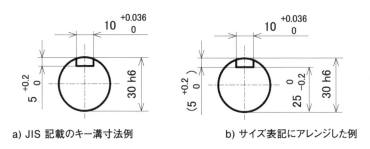

a) JIS 記載のキー溝寸法例　　　　　b) サイズ表記にアレンジした例

図6-29 サイズ寸法の矛盾の回避方法

回転軸突起部の端面の位置を拘束する（TEDの並列記入）

設計意図が伝わるグローバル図面を確認しましょう（**図6-30**）。

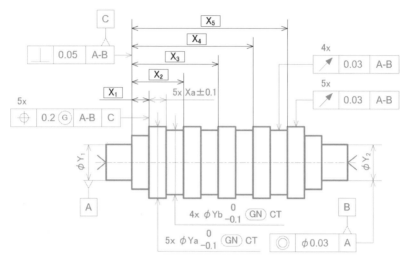

図6-30 設計意図を明示したグローバル図面例（1）

回転軸突起部の端面の位置を拘束する（TEDの直列記入）

設計意図が伝わるグローバル図面を確認しましょう（**図6-31**）。

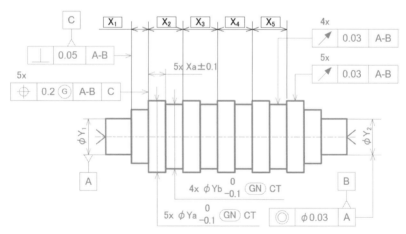

図6-31 設計意図を明示したグローバル図面例（2）

設計のPoint of view……TEDの寸法配列

　TEDはバラツキという概念がないため、上記の2つの寸法配列に違いはありません。どちらが設計意図に合うかを自身で判断して使い分けましょう。

回転軸突起部の中心平面の位置を拘束する

設計意図が伝わるグローバル図面を確認しましょう（**図6-32**）。

前ページで解説したように、TEDの並列寸法記入と直列寸法記入に違いはありません。下図では、並列寸法記入の例を示します。

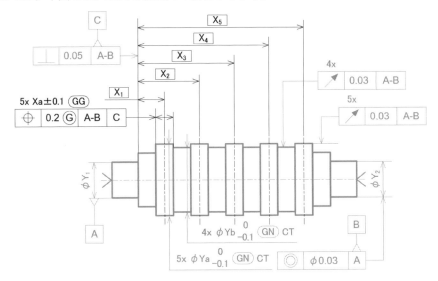

図6-32 設計意図を明示したグローバル図面例

設計意図が伝わるグローバル図面を確認しましょう（**図6-33**）。

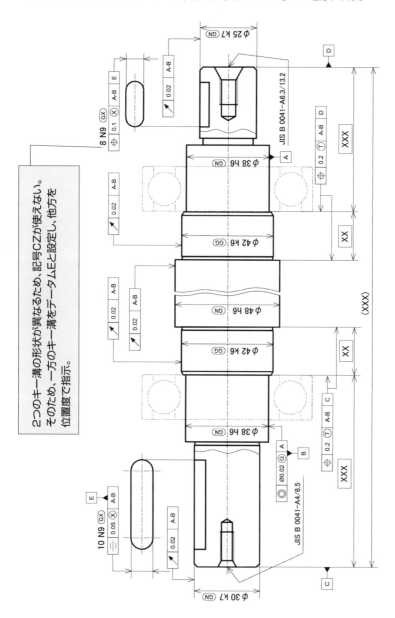

2つのキー溝の形状が異なるため、記号Cだけが使えない。そのため、一方のキー溝をデータムEと設定し、他方を位置度で指示。

図6-33 設計意図を明示したグローバル図面例

After-No.15 回転軸の振れと多数の溝の位置を拘束する

設計意図が伝わるグローバル図面を確認しましょう（**図6-34**）。

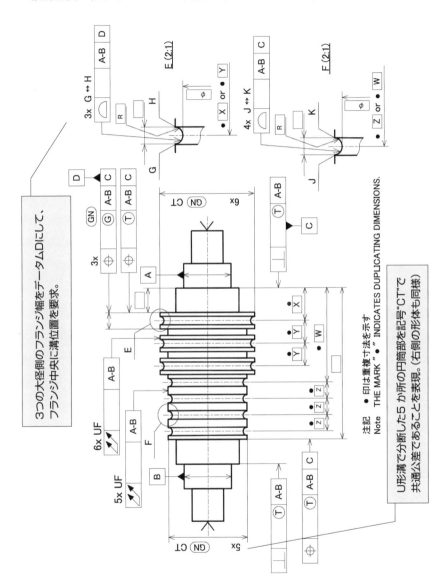

図6-34 設計意図を明示したグローバル図面例

グローバル図面Before-After ～ブロック形状の図面に 魂（設計意図）を入れる～

どないしたらグローバル図面になんねん？

（ノ≧o≦）ノ ┤ ﾟ・‥。

ブロック形状の部品をグローバル図面に描き替えてみましょう。従来からある幾何公差のルールに従いつつ、新しい記号を実践的に使う手法を理解しながら図面を改良しましょう。

(*￣∀￣)"b" チッチッチッ

7-1 　従来図面に魂（設計意図）を入れる

従来図面に
魂（設計意図）を入れる

　従来の図面から、設計意図を読み解いてみましょう（**図7-1**）。

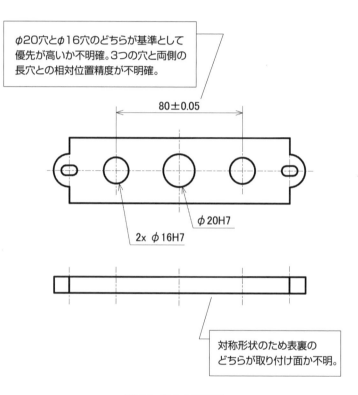

φ20穴とφ16穴のどちらが基準として
優先が高いか不明確。3つの穴と両側の
長穴との相対位置精度が不明確。

80±0.05

φ20H7

2x φ16H7

対称形状のため表裏の
どちらが取り付け面か不明。

図7-1 従来の図面例

After-No.01　取り付け穴基準から３つの穴位置を拘束する

設計意図が伝わるグローバル図面に変更してみましょう（**図7-2**）。

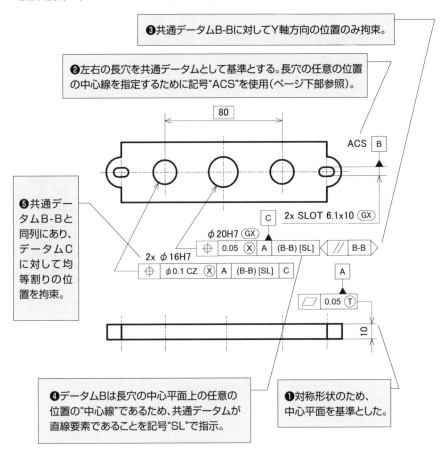

❸共通データムB-Bに対してY軸方向の位置のみ拘束。

❷左右の長穴を共通データムとして基準とする。長穴の任意の位置の中心線を指定するために記号"ACS"を使用（ページ下部参照）。

❺共通データムB-Bと同列にあり、データムCに対して均等割りの位置を拘束。

❹データムBは長穴の中心平面上の任意の位置の"中心線"であるため、共通データムが直線要素であることを記号"SL"で指示。

❶対称形状のため、中心平面を基準とした。

図7-2 設計意図を明示したグローバル図面例

設計のPoint of view……長穴を基準に使う場合の考え方

長穴の長手方向の誘導形体は短い中心平面になります。しかし、長穴の使用目的として、小ねじで固定するというパターンが多いと思います。この場合、機能的には中心平面ではなく加工上で位置がばらついた中心線が固定の基準となります。そこで、記号"ACS"を使うことで、任意の場所の中心線という解釈をさせることができます。

第7章　グローバル図面Before-After 〜ブロック形状の図面に魂（設計意図）を入れる〜　**183**

従来の図面から、設計意図を読み解いてみましょう（図7-3）。

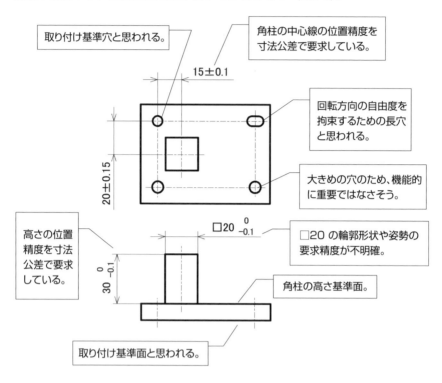

取り付け基準穴と思われる。

角柱の中心線の位置精度を寸法公差で要求している。

15±0.1

回転方向の自由度を拘束するための長穴と思われる。

大きめの穴のため、機能的に重要ではなさそう。

20±0.15

高さの位置精度を寸法公差で要求している。

□20 $^{0}_{-0.1}$

30 $^{0}_{-0.1}$

□20 の輪郭形状や姿勢の要求精度が不明確。

角柱の高さ基準面。

取り付け基準面と思われる。

図7-3 従来の図面例

設計の Point of view……取り付け穴基準の明確化

　例えば、部品を4か所のねじで固定する場合、多くの設計者が固定する部品の穴をバカ穴で設計します。CAD画面上では固定する部品はあるべき位置に配置されていますが、実際に組むとバカ穴のガタ分だけ部品の位置や姿勢が崩れます。

　位置決めは設計の命です。4か所の取り付け穴を設計する際に、面倒なので全て同じ穴径で設計してしまいがちですが、基準穴と逃がし穴という役割を分担して設計すべきです。位置決めに掛かるコストは「掛けるコスト」という認識で形状設計すべきと考えます。

設計意図が伝わるグローバル図面に変更してみましょう（**図7-4**）。

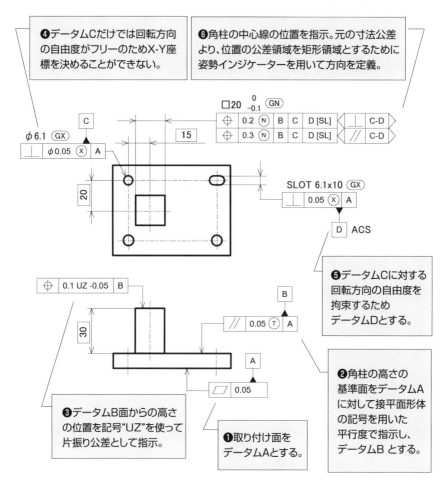

図7-4 設計意図を明示したグローバル図面例（1）

　上図では角柱の中心線の位置精度のみを要求しているため、□20の輪郭形状はサイズのままであり、角柱の姿勢（回転方向のねじれ）も要求していません。

設計意図が伝わるグローバル図面に変更してみましょう（**図7-5**）。

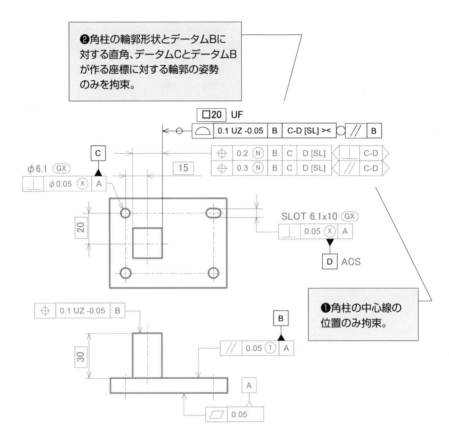

図7-5 設計意図を明示したグローバル図面例（2）

設計意図が伝わるグローバル図面に変更してみましょう。

前述の図7-4と図7-5はどちらも、位置と姿勢、輪郭形状を分けて表記していましたが、位置も姿勢も輪郭形状も同時に拘束するために複合公差方式を使って指示してみましょう。輪郭形状がマイナス公差になっており、指示が難しくなるため、角柱の形状を中央値に修正して指示しています（**図7-6**）。

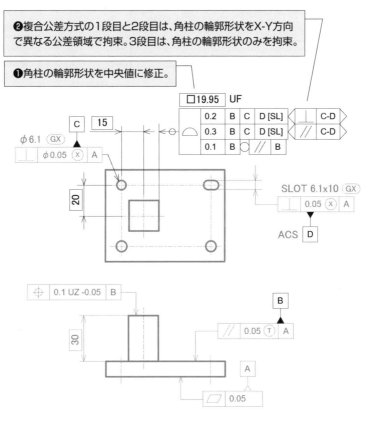

図7-6 設計意図を明示したグローバル図面例（3）

従来の図面から、設計意図を読み解いてみましょう（**図7-7**）。

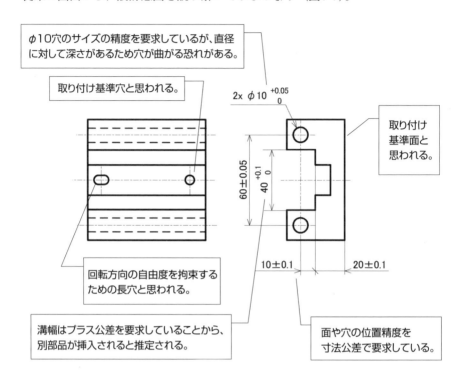

φ10穴のサイズの精度を要求しているが、直径に対して深さがあるため穴が曲がる恐れがある。

取り付け基準穴と思われる。

$2x \phi 10 \, ^{+0.05}_{0}$

取り付け基準面と思われる。

60 ± 0.05

$40 \, ^{+0.1}_{0}$

10 ± 0.1　　20 ± 0.1

回転方向の自由度を拘束するための長穴と思われる。

溝幅はプラス公差を要求していることから、別部品が挿入されると推定される。

面や穴の位置精度を寸法公差で要求している。

図7-7 従来の図面例

取り付け面基準から２つの深穴位置を拘束する

設計意図が伝わるグローバル図面に変更してみましょう（**図7-8**）。

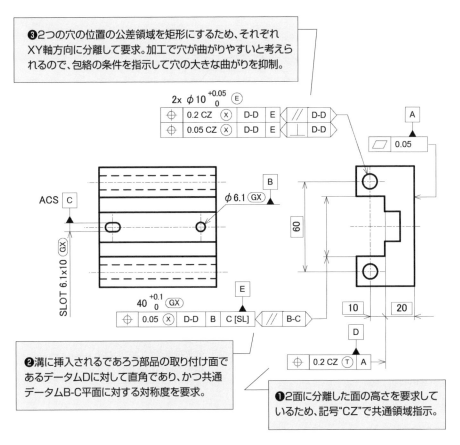

❸２つの穴の位置の公差領域を矩形にするため、それぞれ XY軸方向に分離して要求。加工で穴が曲がりやすいと考えられるので、包絡の条件を指示して穴の大きな曲がりを抑制。

❷溝に挿入されるであろう部品の取り付け面であるデータムDに対して直角であり、かつ共通データムB-C平面に対する対称度を要求。

❶2面に分離した面の高さを要求しているため、記号"CZ"で共通領域指示。

図7-8 設計意図を明示したグローバル図面例

設計のPoint of view……参照する基準の考え方

　上記の❸の指示で、2つの φ10 穴の位置は、データムAと共通データムB-Cを参照して構いませんが、設計構造として溝幅40に挿入される部品と機能的なつながりの依存度が高いと想定してデータムDとデータムEを参照しています。つまり、形体同士の "機能の血縁関係" がより濃いものを参照するとロジックがつながりやすくなります。

従来の図面から、設計意図を読み解いてみましょう（**図7-9**）。

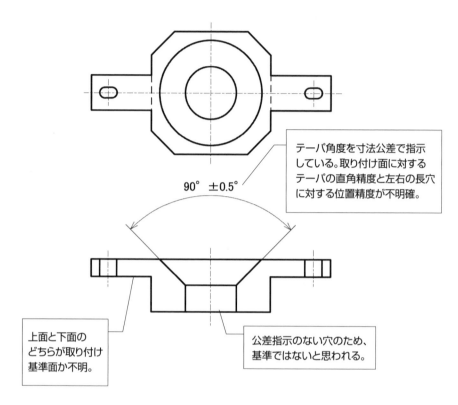

90°　±0.5°

テーパ角度を寸法公差で指示
している。取り付け面に対する
テーパの直角精度と左右の長穴
に対する位置精度が不明確。

上面と下面の
どちらが取り付け
基準面か不明。

公差指示のない穴のため、
基準ではないと思われる。

図7-9 従来の図面例

テーパ穴の姿勢と位置を拘束する

設計意図が伝わるグローバル図面に変更してみましょう（**図7-10**）。

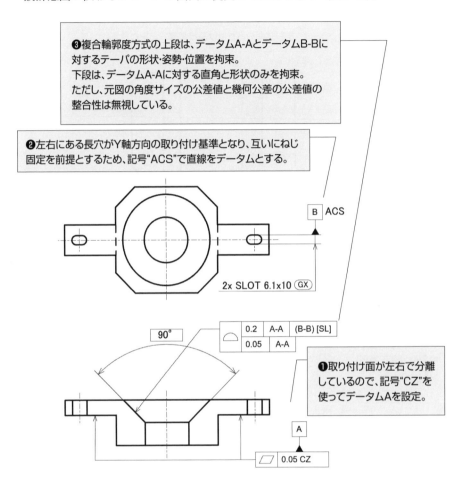

❸複合輪郭度方式の上段は、データムA-AとデータムB-Bに
対するテーパの形状・姿勢・位置を拘束。
下段は、データムA-Aに対する直角と形状のみを拘束。
ただし、元図の角度サイズの公差値と幾何公差の公差値の
整合性は無視している。

❷左右にある長穴がY軸方向の取り付け基準となり、互いにねじ
固定を前提とするため、記号"ACS"で直線をデータムとする。

B ACS

2x SLOT 6.1x10 GX

| 0.2 | A-A | (B-B) [SL] |
| 0.05 | A-A | |

90°

❶取り付け面が左右で分離
しているので、記号"CZ"を
使ってデータムAを設定。

A

0.05 CZ

図7-10 設計意図を明示したグローバル図面例

従来の図面から、設計意図を読み解いてみましょう（**図7-11**）。

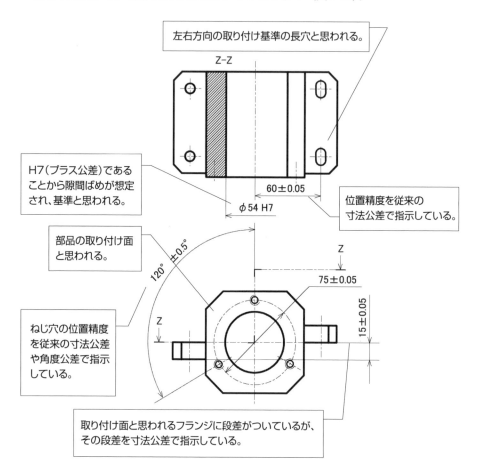

左右方向の取り付け基準の長穴と思われる。

Z-Z

H7（プラス公差）であることから隙間ばめが想定され、基準と思われる。

60±0.05

位置精度を従来の寸法公差で指示している。

φ54 H7

部品の取り付け面と思われる。

120° ±0.5°

Z

75±0.05

15±0.05

Z

ねじ穴の位置精度を従来の寸法公差や角度公差で指示している。

取り付け面と思われるフランジに段差がついているが、その段差を寸法公差で指示している。

図7-11 従来の図面例

After-No.05　段差のある取り付け面から穴位置を拘束する

設計意図が伝わるグローバル図面に変更してみましょう（**図7-12**）。

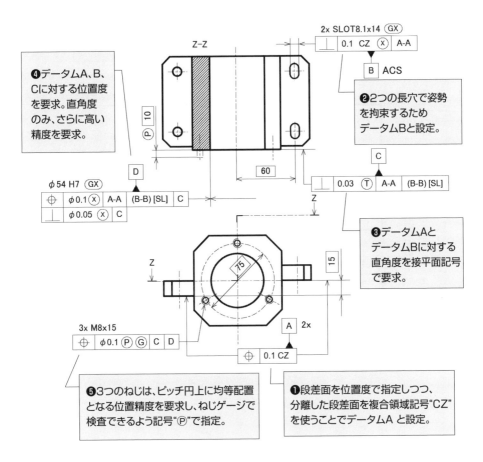

図7-12 設計意図を明示したグローバル図面例

設計のPoint of view……穴位置の公差領域の注意

　記号"CZ"は、従来は「Common Zone（共通領域）」の省略語でしたが、2017
年版のISOで「Combined Zone（複合領域）」に変更されたことで、段差のある面
を1つの関連形体として使えるようになりました。

従来の図面から、設計意図を読み解いてみましょう（**図7-13**）。

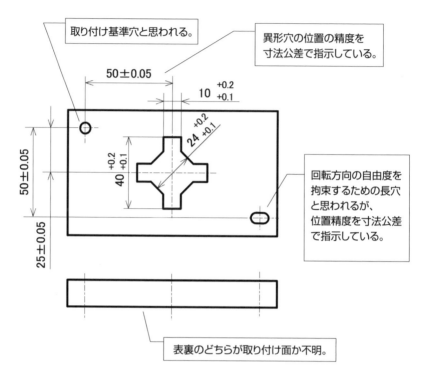

取り付け基準穴と思われる。

異形穴の位置の精度を
寸法公差で指示している。

回転方向の自由度を
拘束するための長穴
と思われるが、
位置精度を寸法公差
で指示している。

表裏のどちらが取り付け面か不明。

図7-13 従来の図面例

After-No.06 直交座標面上にない取り付け基準穴から穴位置を拘束する

設計意図が伝わるグローバル図面に変更してみましょう（図7-14）。

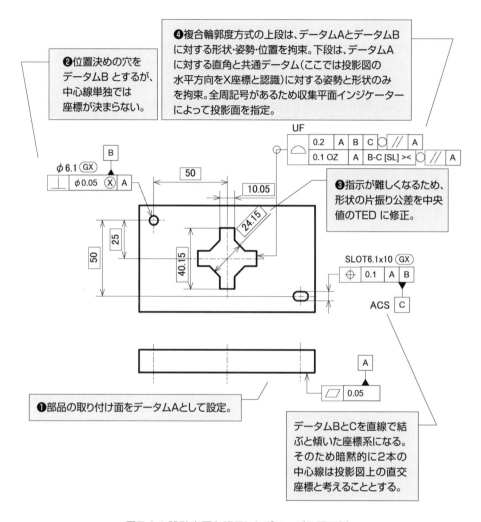

❹複合輪郭度方式の上段は、データムAとデータムB
に対する形状・姿勢・位置を拘束。下段は、データムA
に対する直角と共通データム（ここでは投影図の
水平方向をX座標と認識）に対する姿勢と形状のみ
を拘束。全周記号があるため収集平面インジケーター
によって投影面を指定。

❷位置決めの穴を
データムB とするが、
中心線単独では
座標が決まらない。

❸指示が難しくなるため、
形状の片振り公差を中央
値のTED に修正。

❶部品の取り付け面をデータムAとして設定。

データムBとCを直線で結
ぶと傾いた座標系になる。
そのため暗黙的に2本の
中心線は投影図上の直交
座標と考えることとする。

図7-14 設計意図を明示したグローバル図面例

図7-14において、データBとデータCを組合せて、暗黙的に座標（X軸とY軸）を作ることには少し違和感を覚えます。

この暗黙的な考え方に対してモヤモヤ感が残る場合の解決策として、座標を決定づける形体が直交座標上に配置されれば、容易に座標を設定することができます。つまり、ダミーの穴を追加すれば2本の中心線を組合せて共通データを作ることで水平（X軸）あるいは垂直（Y軸）を作ることができるのです。

このように、基準となるべき穴が直交座標上に配置できない場合、座標設定用の捨て穴を開けておくことも、形状設計テクニックの1つの手段です（**図7-15**）。

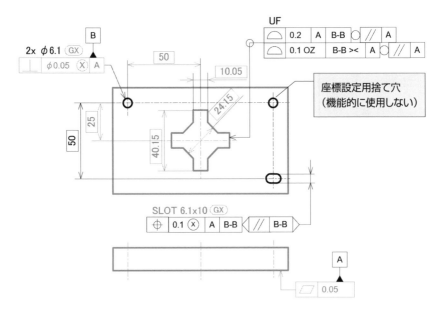

図7-15　2つの穴が同一平面上に配置されている場合の考え方

その他の手段として、次の2つの指示法も考えられます。

①外郭形体にデータムDを設定することでX座標を決定づけ、姿勢平面インジケーターでその座標の方向を明確にする。

②データムBから自由度フリーの半径として位置を設定し、その半径の接線とデータムCを結んだ線がX座標であることを注記で明記する（**図7-16**）。

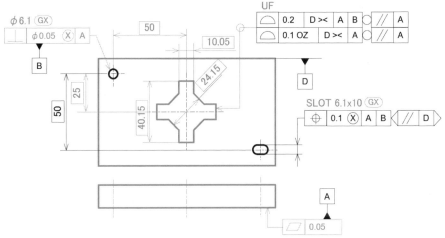

a) データムD を設定して姿勢平面インジケーターを利用する場合

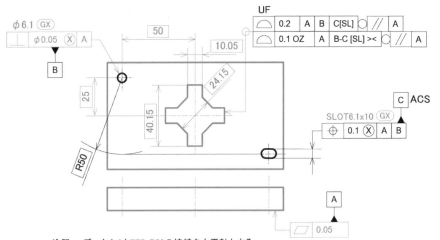

注記　　データムCとTED R50の接線を水平軸とする。
Note　　THE TANGENT LINE BETWEEN DATUM C AND TED R50 IS A HORIZONTALI AXIS.

b) 円弧の接線方向と注記を利用する場合

図7-16　2つの穴が同一平面上に配置されていない場合の考え方

従来の図面から、設計意図を読み解いてみましょう（**図7-17**）。

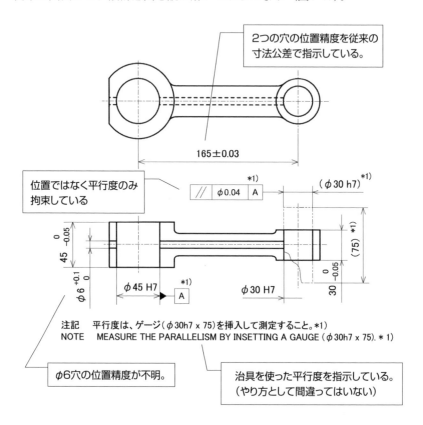

2つの穴の位置精度を従来の寸法公差で指示している。

165±0.03

位置ではなく平行度のみ拘束している

$// \quad \phi 0.04 \quad A$ *1)

$(\phi 30\ h7)$ *1)

$45\ ^{0}_{-0.05}$

$\phi 6\ ^{+0.1}_{0}$

(75) *1)

$30\ ^{0}_{-0.05}$

$\phi 45\ H7$ *1) A

$\phi 30\ H7$

注記　平行度は、ゲージ（$\phi 30h7 \times 75$）を挿入して測定すること。*1)
NOTE　MEASURE THE PARALLELISM BY INSETTING A GAUGE ($\phi 30h7 \times 75$). * 1)

$\phi 6$穴の位置精度が不明。

治具を使った平行度を指示している。（やり方として間違ってはいない）

図7-17 従来の図面例

設計意図が伝わるグローバル図面に変更してみましょう（**図7-18**）。

❸穴が小径であることに加えて深穴であるため
3次元測定機ではダイレクトに測定できないと判断し、
穴位置を検査するために包絡の条件と突出公差域で
指示。深穴加工になるため穴が曲がりやすく、機能上
ばらつきが大きくても許されるF側の精度を緩く設定。

❶上下対称部品であ
るため、裏返して組み
立てられるよう、左側
のボス幅と右側のボス
幅を対称度で指示。

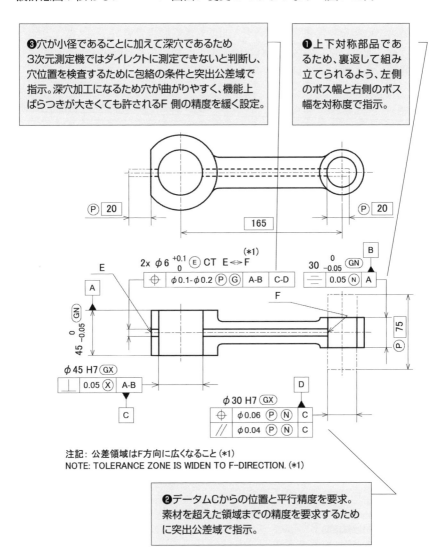

注記: 公差領域はF方向に広くなること(*1)
NOTE: TOLERANCE ZONE IS WIDEN TO F-DIRECTION. (*1)

❷データムCからの位置と平行精度を要求。
素材を超えた領域までの精度を要求するため
に突出公差域で指示。

図7-18 設計意図を明示したグローバル図面例

従来の図面から、設計意図を読み解いてみましょう（**図7-19**）。

注）本品は①と②を一体化してフライス加工できる形状ですが、例えば①と②が異材質である、あるいはこの図に表れない加工上の制約がある部品であると想定して部品を分割した形状にしています。

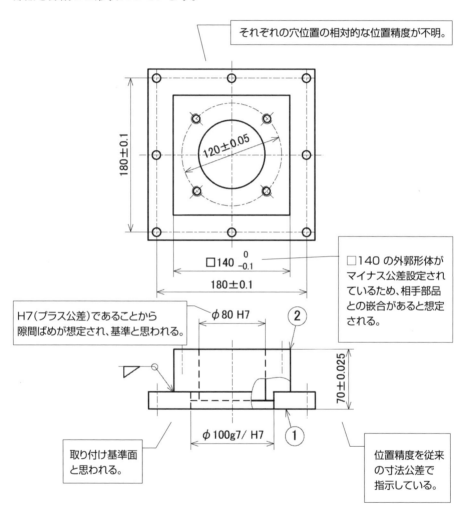

それぞれの穴位置の相対的な位置精度が不明。

□140の外郭形体がマイナス公差設定されているため、相手部品との嵌合があると想定される。

H7（プラス公差）であることから隙間ばめが想定され、基準と思われる。

取り付け基準面と思われる。

位置精度を従来の寸法公差で指示している。

図7-19 従来の図面例

設計意図が伝わるグローバル図面に変更してみましょう（**図7-20**）。

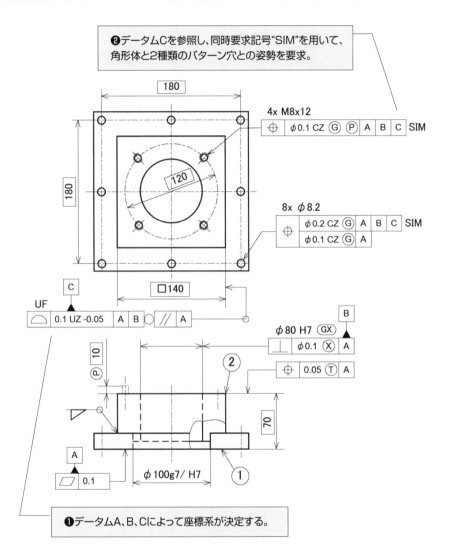

❷データムCを参照し、同時要求記号"SIM"を用いて、角形体と2種類のパターン穴との姿勢を要求。

❶データムA、B、Cによって座標系が決定する。

図7-20 設計意図を明示したグローバル図面例

従来の図面から、設計意図を読み解いてみましょう（**図7-21**）。

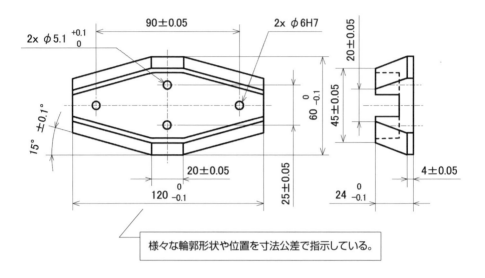

様々な輪郭形状や位置を寸法公差で指示している。

図7-21 従来の図面例

設計意図が伝わるグローバル図面に変更してみましょう（**図7-22**）。

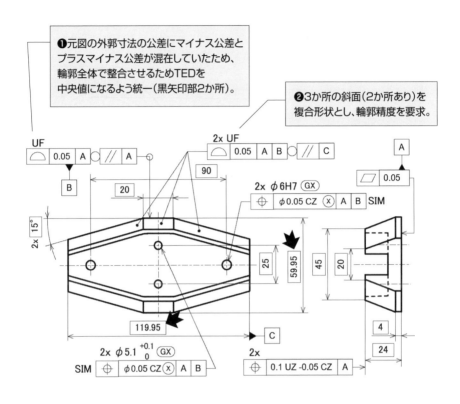

❶元図の外郭寸法の公差にマイナス公差とプラスマイナス公差が混在していたため、輪郭全体で整合させるためTEDを中央値になるよう統一（黒矢印部2か所）。

❷3か所の斜面（2か所あり）を複合形状とし、輪郭精度を要求。

図7-22 設計意図を明示したグローバル図面例

設計のPoint of view……輪郭や位置に使うTEDの数の問題点

　従来の寸法公差に比べて、正確な輪郭精度や位置精度を要求するには幾何公差は大変便利で寸法指示も簡単になるといえます。しかし、問題点としてTEDの数が増えれば増えるほど、どの幾何特性に対してどのTEDが対応するのかを判別しづらく、漏れや誤解が生じる恐れがあります。

　CAD画面上では、対応する幾何特性とTEDを同色に色付けするなどの工夫もできます。白黒の紙の図面では判別が難しくなるため、第5章で提案したように図面としての概念をもたない仕様書と考えれば、社内規定でカラー印刷を許可することも1つの手段であると考えます。

　組品から設計意図を読み取ってみましょう（図7-23）。

　これらの部品は、嵌合部分にのみに着目した形状で、他の機能部分の形状は省略されていると考えてください。

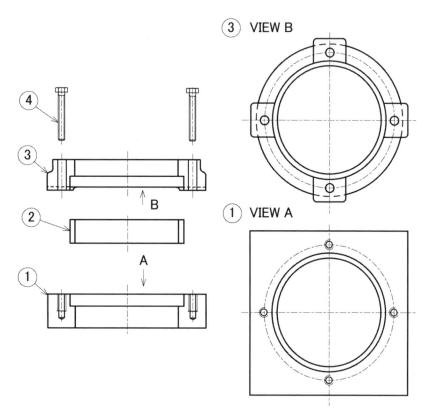

図7-23 各部品の構成例

設計意図が伝わるグローバル図面に変更してみましょう（**図7-24**）。

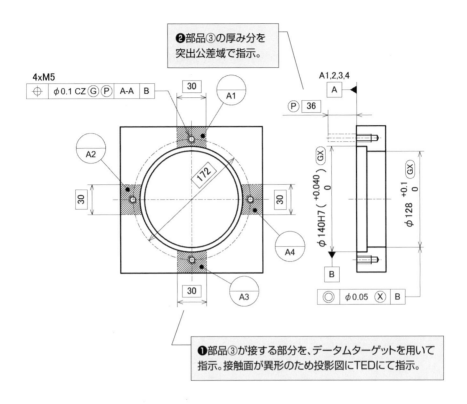

図7-24 設計意図を明示したグローバル図面例

After-No.10-2 組図から設計意図を読み取り、②の部品図を描く

設計意図が伝わるグローバル図面に変更してみましょう（**図7-25**）。

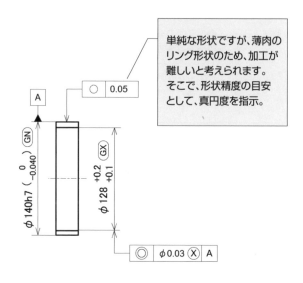

単純な形状ですが、薄肉の
リング形状のため、加工が
難しいと考えられます。
そこで、形状精度の目安
として、真円度を指示。

図7-25 設計意図を明示したグローバル図面例

設計意図が伝わるグローバル図面に変更してみましょう（**図7-26**）。

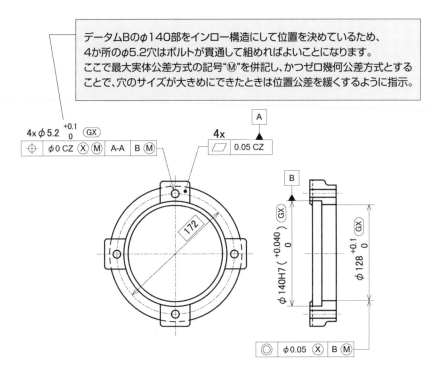

データムBのφ140部をインロー構造にして位置を決めているため、
4か所のφ5.2穴はボルトが貫通して組めればよいことになります。
ここで最大実体公差方式の記号"Ⓜ"を併記し、かつゼロ幾何公差方式とすることで、穴のサイズが大きめにできたときは位置公差を緩くするように指示。

図7-26 設計意図を明示したグローバル図面例

注）ゼロ幾何公差方式は、拙著「最大実体公差−図面って、どない描くねん！LEVEL3」を参照

設計のPoint of view⋯⋯必要に応じて最大実体公差を使うべき

　上図のφ5.2穴（4か所）の位置度と参照するデータムBに「最大実体公差方式」を適用しています。しかも幾何公差値ゼロを指定する「ゼロ幾何公差方式」の図例になります。これは組図からこれらの穴が明確にボルトの貫通穴であることがわかり、"組めればよい"という設計意図から適用したものです。

第8章

グローバル図面Before-After ～板金／その他形状の図面に 魂（設計意図）を入れる～

どないしたらグローバル図面になんねん？

（ノ≧o≦）ノ ┤° ・∵。

板金やその他形状の部品をグローバル図面に描き替えてみましょう。従来からある幾何公差のルールに従いつつ、新しい記号を実践的に使う手法を理解しながら図面を改良しましょう。

(*￣∀￣)"b" チッチッチッ

8-1	板金図面に魂（設計意図）を入れる
8-2	その他形状の図面に魂（設計意図）を入れる

Before-No.01

従来の図面から、設計意図を読み解いてみましょう（図8-1）。

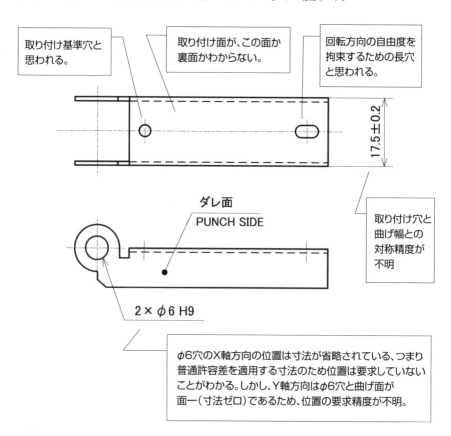

取り付け基準穴と
思われる。

取り付け面が、この面か
裏面かわからない。

回転方向の自由度を
拘束するための長穴
と思われる。

17.5±0.2

取り付け穴と
曲げ幅との
対称精度が
不明

ダレ面
PUNCH SIDE

2×φ6 H9

φ6穴のX軸方向の位置は寸法が省略されている、つまり
普通許容差を適用する寸法のため位置は要求していない
ことがわかる。しかし、Y軸方向はφ6穴と曲げ面が
面一（寸法ゼロ）であるため、位置の要求精度が不明。

図8-1 従来の図面例

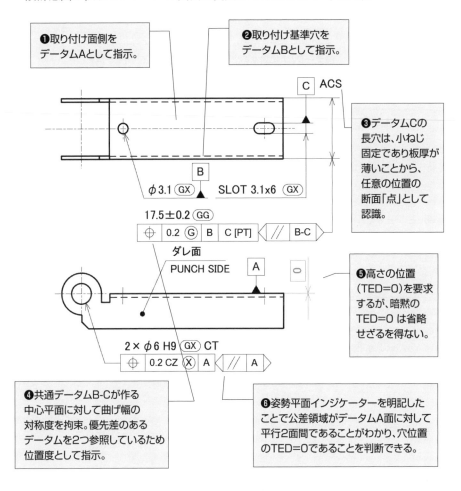

After-No.01-1 ２つの同心穴の上下方向の位置のみを拘束する

設計意図が伝わるグローバル図面に変更してみましょう（図8-2）。

❶取り付け面側を
データムAとして指示。

❷取り付け基準穴を
データムBとして指示。

C ACS

❸データムCの
長穴は、小ねじ
固定であり板厚が
薄いことから、
任意の位置の
断面「点」として
認識。

φ3.1 (GX)   B   SLOT 3.1x6 (GX)

17.5±0.2 (GG)

| ⊕ | 0.2 (G) | B | C [PT] | // | B-C |

ダレ面
PUNCH SIDE   A   〇

❺高さの位置
（TED=0)を要求
するが、暗黙の
TED=0 は省略
せざるを得ない。

2 × φ6 H9 (GX) CT

| ⊕ | 0.2 CZ (X) | A | // | A |

❹共通データムB-Cが作る
中心平面に対して曲げ幅の
対称度を拘束。優先差のある
データムを2つ参照しているため
位置度として指示。

❻姿勢平面インジケーターを明記した
ことで公差領域がデータムA面に対して
平行2平面であることがわかり、穴位置
のTED=0であることを判断できる。

図8-2 設計意図を明示したグローバル図面例

設計のPoint of view……薄板の長穴を基準に使う場合の考え方

　第7章でも解説しましたが、長穴の長手方向の誘導形体は短い中心平面になり、小ねじで固定するというパターンが多いと思います。そこで、記号"ACS"を使うのですが、薄板の場合、中心線の長さが短すぎることから、中心点という解釈になります。

前図の公差領域を確認してみましょう（**図8-3**）。

従来図面（図8-1）に、取り付け基準穴（φ3.1）とφ6H9穴の寸法公差の指示がありませんでしたので、設計意図としてX軸方向の位置精度は要求していないことがわかります。

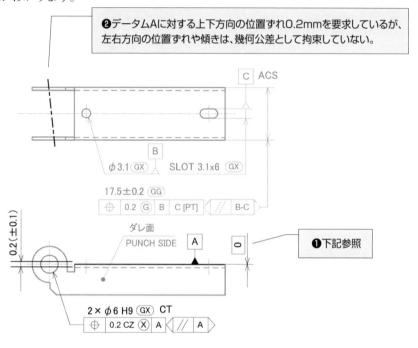

❷データムAに対する上下方向の位置ずれ0.2mmを要求しているが、左右方向の位置ずれや傾きは、幾何公差として拘束していない。

図8-3 公差領域の考え方

設計のPoint of view……暗黙のTEDの扱い（私見）

普通許容差が適用されるような一般寸法を省略することで図が簡素化されます。ISOやJISでは許されていませんが、読み手の理解を深める意味で、必要に応じてTED＝0など暗黙的に省略する寸法を表示してもよいというローカルルールを検討してもよいのではないかと考えます。

φ(@°▽°@) メモメモ

板金部品あるいは薄い形状への同軸度指示の注意点

　板金の曲げ部の2つの穴に軸を貫通させたい場合、図のように幾何特性の"同軸度"で図面指示された図面が散見されます。

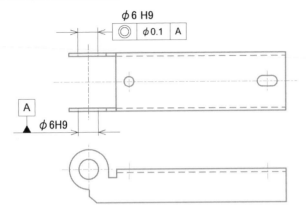

　しかし、板金の厚みはせいぜい1mm〜3mm程度ですので計測の際に中心軸という概念はなく、2つの中心点の位置の評価になります。　中心点は長さがないため、極端に穴位置がずれていても2つの点は1本の直線で結ぶことができるため、同軸度ゼロという結果になってしまうのです。

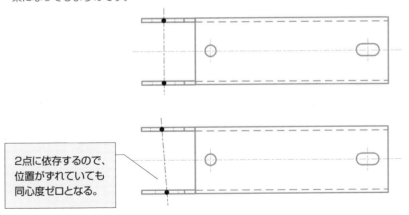

2点に依存するので、位置がずれていても同心度ゼロとなる。

　したがって、同軸度ではなく、2点を記号「CZ（複合領域）」を使って共通の領域として"平行度"あるいは"位置度"で表現しなければいけません。

After-No.01-2　２つの同心穴と取り付け穴との直角も拘束する

　設計意図が伝わるグローバル図面に変更してみましょう（**図8-4**）。

　中心軸がX軸方向に位置ずれすることは許容するが傾きは押さえたい場合、追加で直角度を指示すればよいのです。

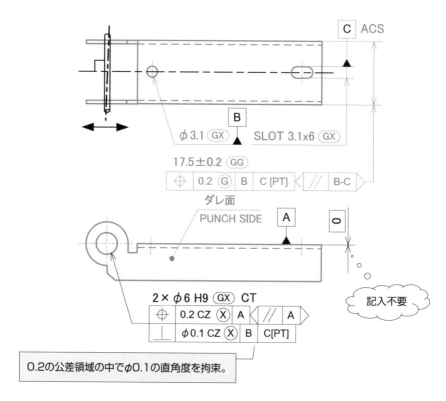

図8-4 設計意図を明示したグローバル図面例

従来の図面から、設計意図を読み解いてみましょう (**図8-5**)。
図8-1に対して、X軸方向の寸法公差が追加されています。

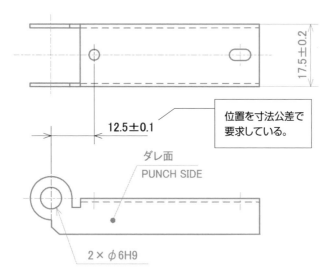

17.5±0.2

12.5±0.1

位置を寸法公差で
要求している。

ダレ面
PUNCH SIDE

2 × φ6H9

図8-5 従来の図面例

After-No.02　2つの同心穴の上下左右方向の位置を拘束する

設計意図が伝わるグローバル図面に変更してみましょう（**図8-6**）。

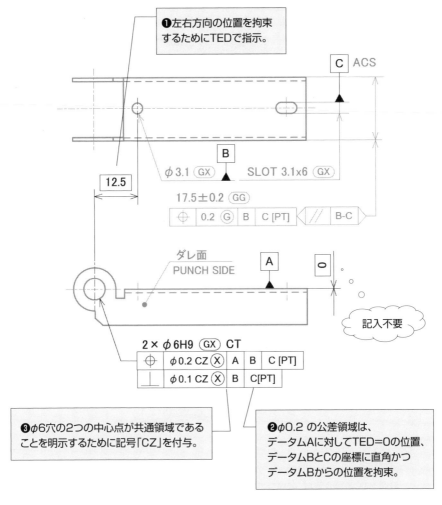

❶左右方向の位置を拘束
するためにTEDで指示。

C ACS

B

φ3.1 GX　　SLOT 3.1x6 GX

12.5

17.5±0.2 GG

| ⊕ | 0.2 G | B | C [PT] |

// B-C

ダレ面
PUNCH SIDE

A

0

記入不要

2 × φ6H9 GX CT

| ⊕ | φ0.2 CZ Ⓧ | A | B | C [PT] |
| ⊥ | φ0.1 CZ Ⓧ | B | C[PT] | |

❸φ6穴の2つの中心点が共通領域である
ことを明示するために記号「CZ」を付与。

❷φ0.2 の公差領域は、
データムAに対してTED＝0の位置、
データムBとCの座標に直角かつ
データムBからの位置を拘束。

図8-6 設計意図を明示したグローバル図面例

　従来のISOでは、複数に分離した公差形体に対して3平面データムによって公差領域が完全拘束される場合、複合領域の記号「CZ」を付けた図面と分離領域の記号「SZ」を付けた図面（従来のISOには記号"SZ"がなかったため記号"SZ"は記入しませんでした）では、公差領域に違いはないという解釈から記号「CZ」を省略していました。

　下図の例では板金部品であるため、対象となる公差形体が"中心点"となっていますが、厚肉の部品の公差形体が中心線の場合でも同じ考え方が適用できます。また、記号"CZ"や記号"SZ"を省略しても同じ解釈となります（**図8-7**）。

　しかし、独立性の原則において、原則として複数の形体に適用される幾何特性は、個数を明記していても個別に適用されます。

　新ISOの下、複数の公差形体の組合せ（パターーンという）の設計意図を表す場合は、記号"CZ"を記入する必要があります。

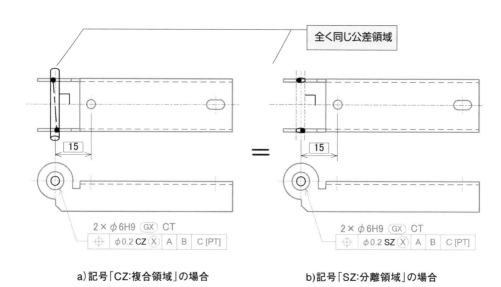

全く同じ公差領域

15

15

=

2 × φ6H9 (GX) CT

⊕ | φ0.2 CZ (X) | A | B | C [PT]

2 × φ6H9 (GX) CT

⊕ | φ0.2 SZ (X) | A | B | C [PT]

a) 記号「CZ:複合領域」の場合　　　　b) 記号「SZ:分離領域」の場合

図8-7 真位置度理論と領域

MEMO

従来の図面から、設計意図を読み解いてみましょう（図8-8）。

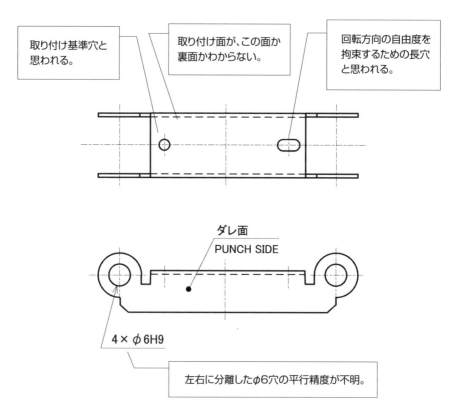

取り付け基準穴と
思われる。

取り付け面が、この面か
裏面かわからない。

回転方向の自由度を
拘束するための長穴
と思われる。

ダレ面
PUNCH SIDE

4 × φ6H9

左右に分離したφ6穴の平行精度が不明。

図8-8 従来の図面例

After-No.03　左右に別れた穴の２本の中心軸の平行のみを拘束する

設計意図が伝わるグローバル図面に変更してみましょう（**図8-9**）。

今回は取付にかかわらず、左右の穴の平行精度のみを要求することを前提とします。

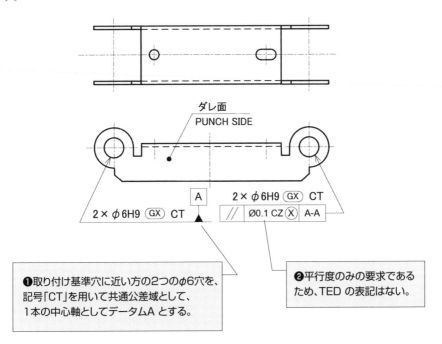

ダレ面
PUNCH SIDE

A

2×φ6H9 (GX) CT

2×φ6H9 (GX) CT

// ∅0.1 CZ(X) A-A

❶取り付け基準穴に近い方の2つのφ6穴を、記号「CT」を用いて共通公差域として、1本の中心軸としてデータムA とする。

❷平行度のみの要求であるため、TED の表記はない。

図8-9 設計意図を明示したグローバル図面例

　従来の図面から、設計意図を読み解いてみましょう（**図8-10**）。

　この図は、図8-8に対して取り付け基準穴からの左側の穴位置寸法「12.5」と、左右にある「φ6 H9」穴のピッチ間寸法「60」、取り付け面と思われる面からの高さ寸法「1.5」、曲げ幅寸法「17.5」に寸法公差を追加したものです。

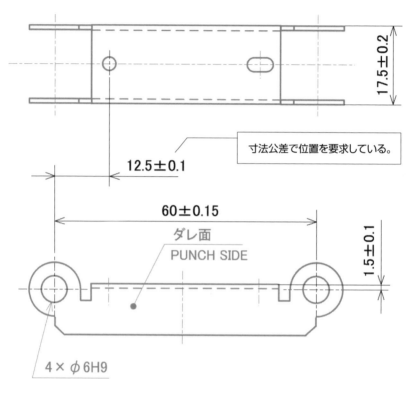

17.5±0.2

寸法公差で位置を要求している。

12.5±0.1

60±0.15

ダレ面
PUNCH SIDE

1.5±0.1

4×φ6H9

図8-10 従来の図面例

After-No.04 　左右に別れた穴の２本の中心軸の位置と姿勢を拘束する

設計意図が伝わるグローバル図面に変更してみましょう（図8-11）。

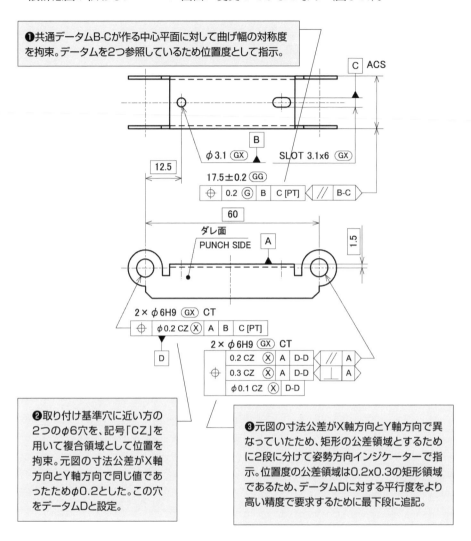

❶共通データムB-Cが作る中心平面に対して曲げ幅の対称度を拘束。データムを2つ参照しているため位置度として指示。

C ACS

B

φ3.1 (GX)　　　　SLOT 3.1x6 (GX)

12.5

17.5±0.2 (GG)

| ⊕ | 0.2 (G) | B | C [PT] | // | B-C |

60

ダレ面
PUNCH SIDE　A

1.5

2×φ6H9 (GX) CT

| ⊕ | φ0.2 CZ (X) | A | B | C [PT] |

D

2×φ6H9 (GX) CT

⊕	0.2 CZ (X)	A	D-D	//	A
	0.3 CZ (X)	A	D-D	⫽	A
	φ0.1 CZ (X)	D-D			

❷取り付け基準穴に近い方の2つのφ6穴を、記号「CZ」を用いて複合領域として位置を拘束。元図の寸法公差がX軸方向とY軸方向で同じ値であったためφ0.2とした。この穴をデータムDと設定。

❸元図の寸法公差がX軸方向とY軸方向で異なっていたため、矩形の公差領域とするために2段に分けて姿勢方向インジケーターで指示。位置度の公差領域は0.2x0.3の矩形領域であるため、データムDに対する平行度をより高い精度で要求するために最下段に追記。

図8-11 設計意図を明示したグローバル図面例

従来の図面から、設計意図を読み解いてみましょう（**図8-12**）。

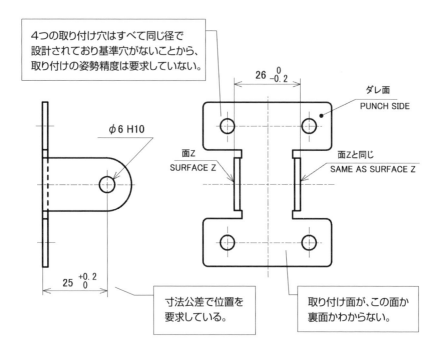

4つの取り付け穴はすべて同じ径で設計されており基準穴がないことから、取り付けの姿勢精度は要求していない。

$\phi 6$ H10

$26 \; {}^{0}_{-0.2}$

ダレ面
PUNCH SIDE

面Z
SURFACE Z

面Zと同じ
SAME AS SURFACE Z

$25 \; {}^{+0.2}_{0}$

寸法公差で位置を要求している。

取り付け面が、この面か裏面かわからない。

図8-12 従来の図面例

設計意図が伝わるグローバル図面に変更してみましょう（**図8-13**）。

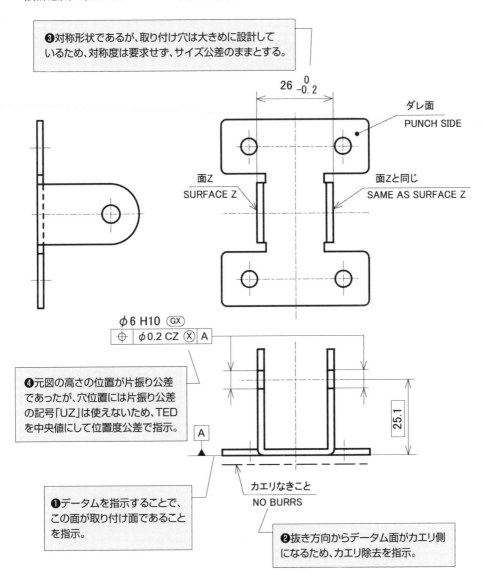

❸対称形状であるが、取り付け穴は大きめに設計して
いるため、対称度は要求せず、サイズ公差のままとする。

$26 \, {}^{0}_{-0.2}$

ダレ面
PUNCH SIDE

面Z
SURFACE Z

面Zと同じ
SAME AS SURFACE Z

$\phi 6$ H10 (GX)

⊕ | $\phi 0.2$ CZ (X) | A

❹元図の高さの位置が片振り公差
であったが、穴位置には片振り公差
の記号「UZ」は使えないため、TED
を中央値にして位置度公差で指示。

A

25.1

❶データムを指示することで、
この面が取り付け面であること
を指示。

カエリなきこと
NO BURRS

❷抜き方向からデータム面がカエリ側
になるため、カエリ除去を指示。

図8-13 設計意図を明示したグローバル図面例

従来の図面から、設計意図を読み解いてみましょう（**図8-14**）。

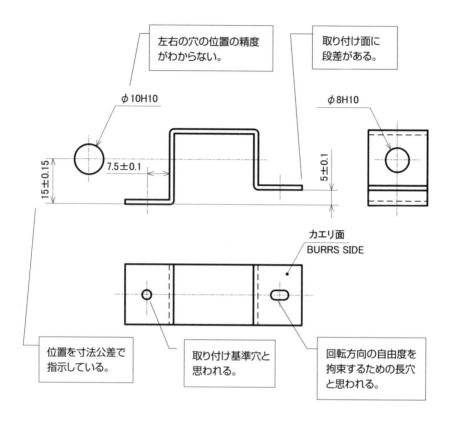

図8-14 従来の図面例

設計意図が伝わるグローバル図面に変更してみましょう（**図8-15**）。

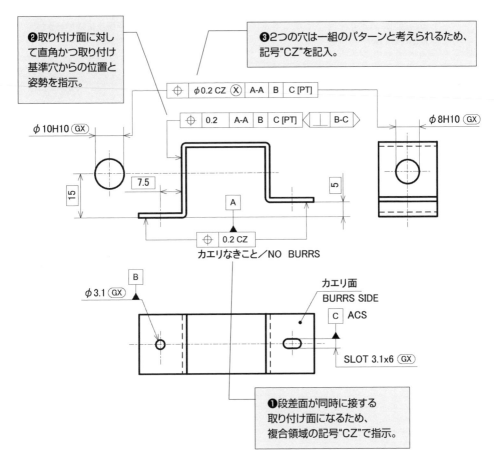

図8-15 設計意図を明示したグローバル図面例

従来の図面から、設計意図を読み解いてみましょう（**図8-16**）。

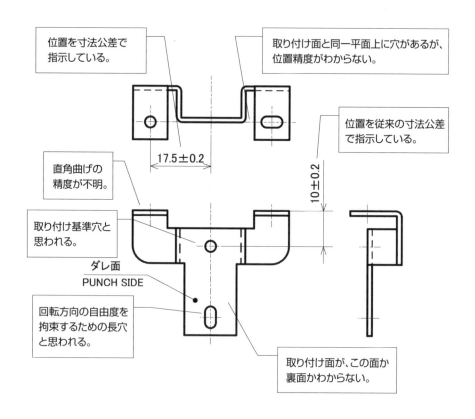

位置を寸法公差で
指示している。

取り付け面と同一平面上に穴があるが、
位置精度がわからない。

位置を従来の寸法公差
で指示している。

17.5±0.2

10±0.2

直角曲げの
精度が不明。

取り付け基準穴と
思われる。

ダレ面
PUNCH SIDE

回転方向の自由度を
拘束するための長穴
と思われる。

取り付け面が、この面か
裏面かわからない。

図8-16 従来の図面例

左右に別れた２本の中心軸の平行のみを拘束する

設計意図が伝わるグローバル図面に変更してみましょう（**図8-17**）。

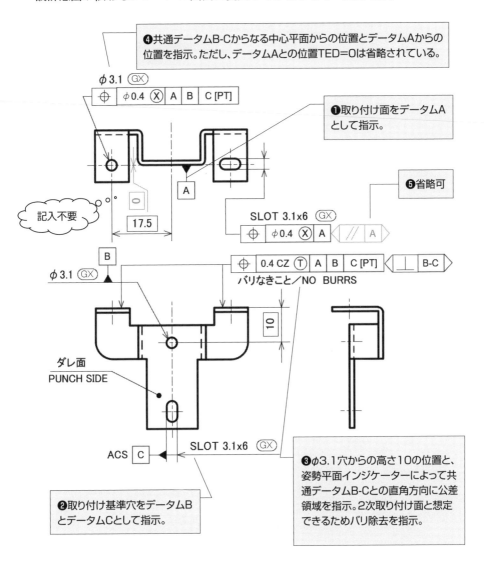

❹共通データムB-Cからなる中心平面からの位置とデータムAからの位置を指示。ただし、データムAとの位置TED＝0は省略されている。

φ3.1 (GX)

⊕ | φ0.4 (X) | A | B | C [PT]

❶取り付け面をデータムA として指示。

A

❺省略可

記入不要

17.5

SLOT 3.1x6 (GX)

⊕ | φ0.4 (X) | A | // | A

B

φ3.1 (GX)

⊕ | 0.4 CZ (T) | A | B | C [PT] | ⊥ | B-C

バリなきこと／NO BURRS

10

ダレ面
PUNCH SIDE

ACS C

SLOT 3.1x6 (GX)

❸φ3.1穴からの高さ10の位置と、姿勢平面インジケーターによって共通データムB-Cとの直角方向に公差領域を指示。2次取り付け面と想定できるためバリ除去を指示。

❷取り付け基準穴をデータムB とデータムCとして指示。

図8-17 設計意図を明示したグローバル図面例

従来の図面から、設計意図を読み解いてみましょう（**図8-18**）。

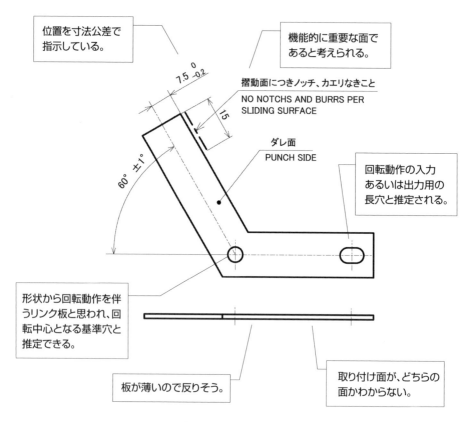

位置を寸法公差で
指示している。

機能的に重要な面で
あると考えられる。

7.5 0 -0.2

摺動面につきノッチ、カエリなきこと
NO NOTCHS AND BURRS PER
SLIDING SURFACE

ダレ面
PUNCH SIDE

15

60° ±1°

回転動作の入力
あるいは出力用の
長穴と推定される。

形状から回転動作を伴
うリンク板と思われ、回
転中心となる基準穴と
推定できる。

板が薄いので反りそう。

取り付け面が、どちらの
面かわからない。

図8-18 従来の図面例

After-No.08　左右に別れた２本の中心軸の平行のみを拘束する

設計意図が伝わるグローバル図面に変更してみましょう（図8-19）。

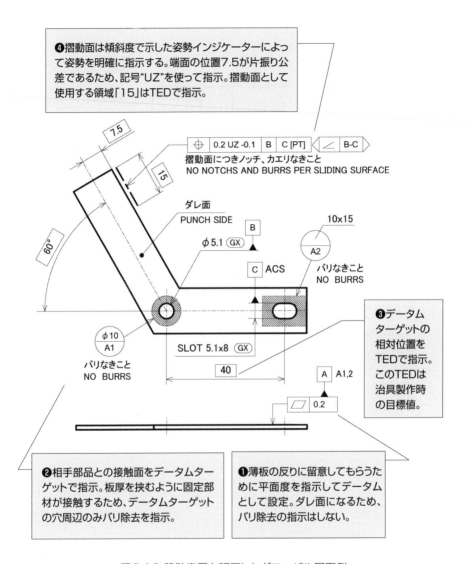

❹摺動面は傾斜度で示した姿勢インジケーターによって姿勢を明確に指示する。端面の位置7.5が片振り公差であるため、記号"UZ"を使って指示。摺動面として使用する領域「15」はTEDで指示。

摺動面につきノッチ、カエリなきこと
NO NOTCHS AND BURRS PER SLIDING SURFACE

ダレ面
PUNCH SIDE

φ5.1 GX

10x15
A2

バリなきこと
NO　BURRS

B

C ACS

φ10
A1

SLOT 5.1x8 GX

バリなきこと
NO　BURRS

40

A A1,2

0.2

❸データムターゲットの相対位置をTEDで指示。このTEDは治具製作時の目標値。

❷相手部品との接触面をデータムターゲットで指示。板厚を挟むように固定部材が接触するため、データムターゲットの穴周辺のみバリ除去を指示。

❶薄板の反りに留意してもらうために平面度を指示してデータムとして設定。ダレ面になるため、バリ除去の指示はしない。

図8-19 設計意図を明示したグローバル図面例

従来の図面から、設計意図を読み解いてみましょう（**図8-20**）。

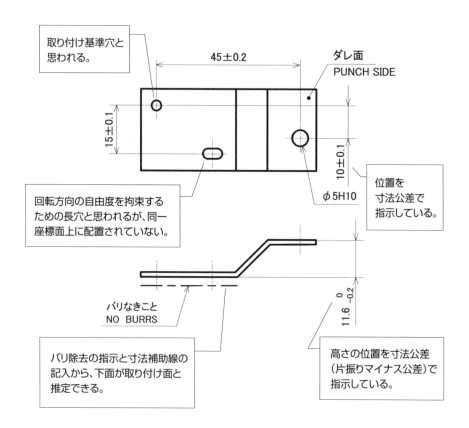

取り付け基準穴と思われる。

45±0.2

ダレ面
PUNCH SIDE

15±0.1

10±0.1

φ5H10

位置を
寸法公差で
指示している。

回転方向の自由度を拘束する
ための長穴と思われるが、同一
座標面上に配置されていない。

バリなきこと
NO BURRS

11.6 0 −0.2

バリ除去の指示と寸法補助線の
記入から、下面が取り付け面と
推定できる。

高さの位置を寸法公差
（片振りマイナス公差）で
指示している。

図8-20 従来の図面例

設計意図が伝わるグローバル図面に変更してみましょう（**図8-21**）。

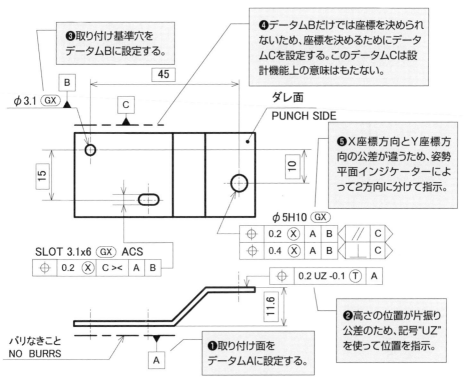

❸取り付け基準穴を
データムBに設定する。

❹データムBだけでは座標を決められ
ないため、座標を決めるためにデータ
ムCを設定する。このデータムCは設
計機能上の意味はもたない。

ダレ面
PUNCH SIDE

❺X座標方向とY座標方
向の公差が違うため、姿勢
平面インジケーターによ
って2方向に分けて指示。

❷高さの位置が片振り
公差のため、記号"UZ"
を使って位置を指示。

❶取り付け面を
データムAに設定する。

バリなきこと
NO BURRS

注記 データムCは、座標の投影面として利用している。
NOTE DATUM-C IS USED AS THE PROJECTION PLANE OF THE COORDINATES.

図8-21 設計意図を明示したグローバル図面例

従来の図面から、設計意図を読み解いてみましょう（**図8-22**）。

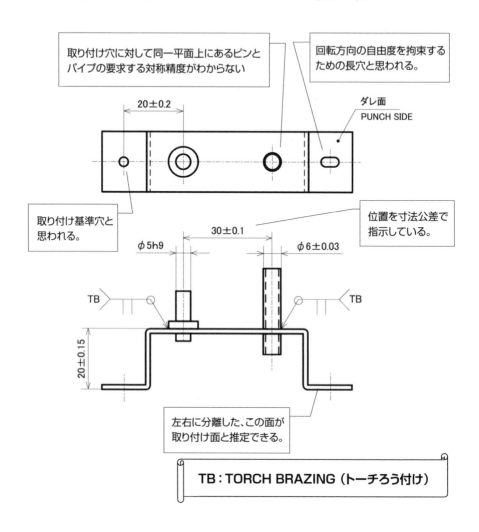

取り付け穴に対して同一平面上にあるピンと
パイプの要求する対称精度がわからない

回転方向の自由度を拘束する
ための長穴と思われる。

ダレ面
PUNCH SIDE

20±0.2

取り付け基準穴と
思われる。

30±0.1

φ5h9

φ6±0.03

位置を寸法公差で
指示している。

TB

TB

20±0.15

左右に分離した、この面が
取り付け面と推定できる。

TB：TORCH BRAZING（トーチろう付け）

図8-22 従来の図面例

設計意図が伝わるグローバル図面に変更してみましょう（**図8-23**）。

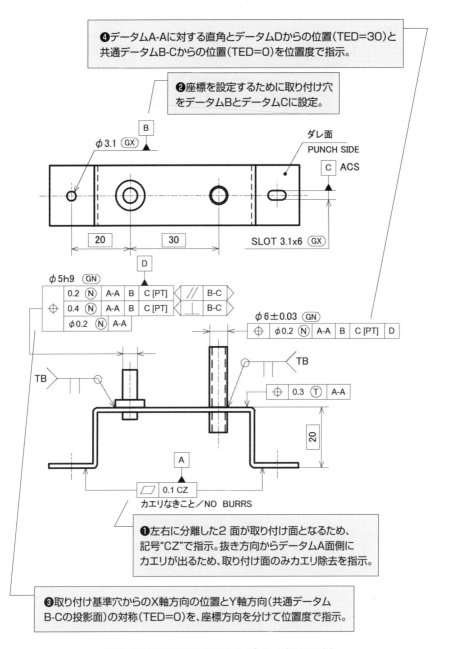

❹データムA-Aに対する直角とデータムDからの位置(TED=30)と
共通データムB-Cからの位置(TED=0)を位置度で指示。

❷座標を設定するために取り付け穴
をデータムBとデータムCに設定。

❶左右に分離した2面が取り付け面となるため、
記号"CZ"で指示。抜き方向からデータムA面側に
カエリが出るため、取り付け面のみカエリ除去を指示。

❸取り付け基準穴からのX軸方向の位置とY軸方向（共通データム
B-Cの投影面）の対称(TED=0)を、座標方向を分けて位置度で指示。

図8-23 設計意図を明示したグローバル図面例

従来の図面から、設計意図を読み解いてみましょう（**図8-24**）。

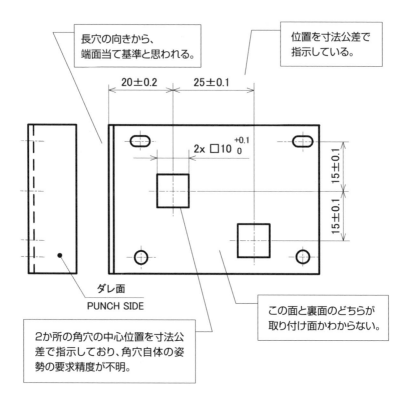

図8-24 従来の図面例

　設計意図が伝わるグローバル図面に変更してみましょう（**図8-25**）。

　２つの角穴の幾何公差を分けて指示した理由は、元図に忠実に直列寸法の累積公差を反映させるためです。

　板金加工の場合、曲げ部からの位置精度と打ち抜き形状同士の位置精度に差が出るため、２つの穴を一括で厳しい公差として指示するとコストが大きく跳ね上がる、あるいは一括で緩い公差として指示すると機能を満足しない原因になりかねません。

　公差記入を面倒くさがらずに加工能力に見合った公差精度を図面に反映するように留意しましょう。

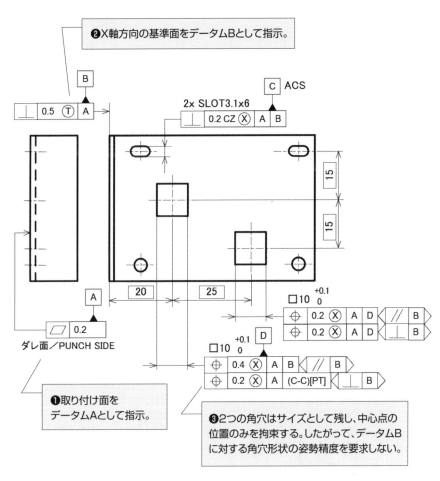

図8-25 設計意図を明示したグローバル図面例

設計意図が伝わるグローバル図面に変更してみましょう（図8-26）。

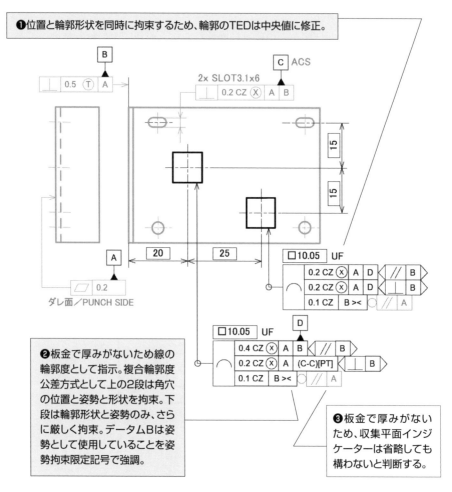

図8-26 設計意図を明示したグローバル図面例

全周輪郭度は、正方形以外に異形形状（例えば六角形や星形など）に使うと便利やで！

その他形状の図面に魂（設計意図）を入れる

After-No.12　ねじれたパイプの形状を拘束する

設計意図が伝わるグローバル図面に変更してみましょう（**図8-27**）。

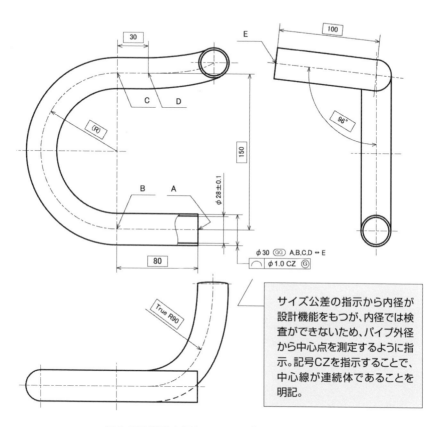

図8-27 設計意図を明示したグローバル図面例

After-No.13　ゴムパッキンの溝部の輪郭を拘束する

設計意図が伝わるグローバル図面に変更してみましょう（図8-28）。

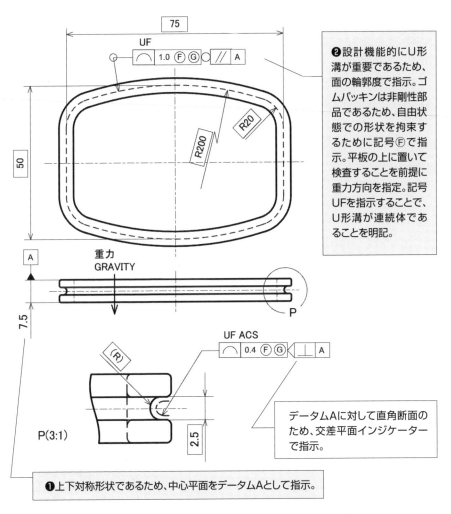

❷設計機能的にU形溝が重要であるため、面の輪郭度で指示。ゴムパッキンは非剛性部品であるため、自由状態での形状を拘束するために記号Ⓕで指示。平板の上に置いて検査することを前提に重力方向を指定。記号UFを指示することで、U形溝が連続体であることを明記。

データムAに対して直角断面のため、交差平面インジケーターで指示。

❶上下対称形状であるため、中心平面をデータムAとして指示。

図8-28 設計意図を明示したグローバル図面例

<参考文献>
・ISO_1101_2017
・ISO_5458_2018
・ISO_5459_2011

検査方法の指示までできてはじめて意図が伝わる

　3次元CADの普及と加工機性能向上によって複雑な形状の部品でも加工ができるようになりました。その複雑な形状の部品を計測するためには3次元測定機が欠かせません。設計部門と加工部門、検査部門が三位一体となって部品の機能を保証したりコスト管理したりすることで、最終的に製品のトータル品質が確保され企業利益にも反映されます。

　従来から使われていた日本の図面でも、深読み、あるいは推測すれば、ある程度の設計意図を読み解くことができました。しかし、それには知識と経験が必要です。最新のISOで規定された記号をうまく使いこなすことで、設計意図が正しく伝えられグローバルに通用する図面になります。

　将来のエンジニアに求められる要件は、目先の利益にとらわれず俯瞰して製品開発を見る力です。

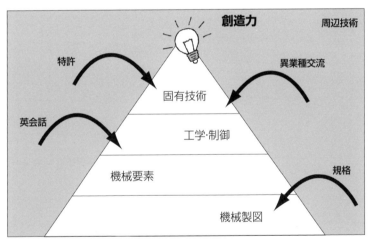

機械エンジニアの要件

　決して視野の狭いエンジニアとならず、常に自分自身の技術力を高めるための基礎力と応用テクニックを身につけてください。

　それでは、読者の皆さんがすばらしいエンジニアになるように魔法をかけてご挨拶に代えさせていただきます。

　ファイア〜！ (*ﾟ▽ﾟ) ノ ）))) 炎))))))))))))) .:*:. ・☆・.:*:. ・★

著者より

●著者紹介

山田　学 (やまだ　まなぶ)

S38年生まれ、兵庫県出身。ラブノーツ 代表取締役。
　著書として、『図面って、どない描くねん！第2版』、『図面って、どない描くねん！LEVEL2 第2版』、『図面って、どない読むねん！LEVEL00 第2版』『設計の英語って、どない使うねん！』、『めっちゃ使える！機械便利帳』、『図解力・製図力 おちゃのこさいさい』、『めっちゃ、メカメカ！リンク機構99→∞』、『メカ基礎バイブル〈読んで調べる！〉設計製図リストブック』、『図面って、どない描くねん！Plus＋』、『めっちゃ、メカメカ！2 ばねの設計と計算の作法』、『めっちゃ、メカメカ！基本要素形状の設計』、『設計センスを磨く空間認識力"モチアゲ"』、『図面って、どない描くねん！バイリンガル』、共著として『CADって、どない使うねん！』(山田学・一色桂 著)、『設計検討って、どないすんねん！』(山田学 編著)などがある。

グローバル図面(新ISO準拠)って、どない描くねん！
幾何公差で暗黙の設計意図を見える化する　　NDC 531.9

2021年 5月27日 初版1刷発行　　©著　者　山田 学

発行者　井水 治博
発行所　日刊工業新聞社
　　　　東京都中央区日本橋小網町14番1号
　　　　（郵便番号103-8548）
書籍編集部　　電話03-5644-7490
販売・管理部　電話03-5644-7410
　　　　　　　FAX03-5644-7400
URL　https://pub.nikkan.co.jp/
e-mail　info@media.nikkan.co.jp
振替口座 00190-2-186076
本文デザイン・DTP――志岐デザイン事務所(矢野貴文)
本文イラスト――小島早恵
印刷――新日本印刷

図面って、どない描くねん！第2版
―現場設計者が教えるはじめての機械製図

山田 学 著
A5判232頁　定価2420円（本体2200円＋税10％）

　製図には誰が描いても製作者が同じように理解できる、つまり答えをひとつにするためのルールがある。企業独自の"製図作法"の基礎となるものが日本工業規格の定めるJIS製図。本書は、2005年に初版を発行、40刷で累計6万5000部を達成した、技術書としては異例のベストセラーの第2版。

　「とにかくわかりやすい」と評判になった初版のわかりやすさ、楽しさはそのままで、新しいJISに対応し、内容を刷新。JISの製図ルールの解説だけにとどまらず、設計者として必要な知識、ノウハウをさりげなく盛り込んでいる。設計実務により役立つことを意識した定本。

図面って、どない描くねん！
LEVEL2　第2版
―はじめての幾何公差設計法（GD&T）

山田 学 著
A5判240頁　定価2420円（本体2200円＋税10％）

　「幾何公差」という言葉だけを聞いて、なんとなく難しそうに感じる設計者も多い。本書はそんな、初心者だけどワンランク上の幾何公差までの製図設計を身につけたいと願う設計者のために書かれた、はじめて幾何公差を学ぶ人のための入門書。

　第2版では、新しいJISに対応し、JISの製図ルールの解説だけにとどまらず、設計者として必要な知識、ノウハウをさりげなく盛り込んで、設計実務により役立つ本になっている。

　また、この幾何公差を使って図面を描くことを「GD&T（Geometric Dimensioning & Tolerancing：幾何公差設計法）」と呼ぶが、実務設計の中で戦略的に幾何公差を活用できるように、記入の作法から使い方、代表的な計測方法まで、わかりやすく、やさしく解説する。